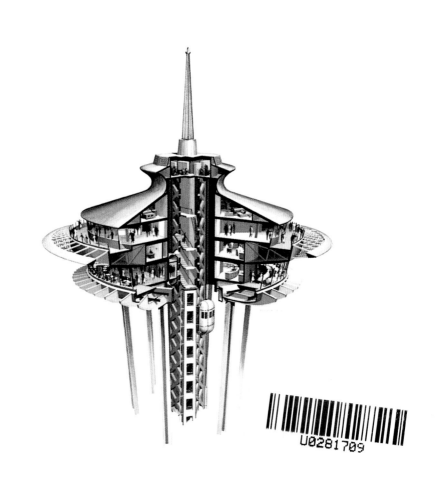

旋转建筑
一部旋转建筑史

[美] 查 德·兰德尔 著
孟繁星 张 颖 译

中国建筑工业出版社

著作权合同登记图字：01-2017-0634

图书在版编目（CIP）数据

旋转建筑：一部旋转建筑史 /（美）兰德尔著；孟繁星，张颖译.
北京：中国建筑工业出版社，2013
ISBN 978-7-112-14927-8

Ⅰ.①旋…　Ⅱ.①兰…②孟…③张…　Ⅲ.①建筑史–世界　Ⅳ.①TU-091

中国版本图书馆CIP数据核字（2012）第283046号

Revolving Architecture：A History of Buildings that Rotate, Swivel, and Pivot
Copyright © 2008 Princeton Architectural Press

Reprinted in Chinese by China Architecture & Building Press
Translation copyright © 2017 China Architecture & Building Press
本书由普林斯顿建筑出版社授权我社翻译出版

责任编辑：戚琳琳　段　宁
责任设计：赵明霞
责任校对：刘　钰　焦　乐

旋转建筑
一部旋转建筑史

[美]查　德·兰德尔　著
　　孟繁星　张　颖　译

*

中国建筑工业出版社出版、发行（北京海淀三里河路9号）
各地新华书店、建筑书店经销
北京嘉泰利德公司制版
北京利丰雅高长城印刷有限公司印刷

*

开本：889×1194毫米　1/20　印张：10²/₅　字数：229千字
2017年3月第一版　2017年3月第一次印刷
定价：88.00元
ISBN 978-7-112-14927-8
（22967）

目 录

致 谢

感谢我的朋友和同事们让这本书得以出版，他们很多几年前还都是陌生人。他们接到了我的电话、信件或是电子邮件，并慷慨地提供了深刻的见解、趣闻轶事、建议、纠正、照片、插图小册子、明信片、画作或是带我去找到更多这些东西作为回应。他们在自己的办公室、旋转住宅或是旋转餐厅、旋转监狱里接待我，允许我按下按钮或转动手摇曲柄启动这些旋转建筑。我要特别感谢 Lidia Invernizzi、Lorella Campi Gandini、Aurelio Galfetti 教授、Simone Nicolini、Luigi Colani、Martin Brümmerhoff、Uwe Schmidt、Annette Müller、Rolf Disch、Boris Kauth、Eric and Marc Halter、Tamara Hemmerlein、Al and Janet Johnstone、Bill Butler、Don Dunick、Christian Lintl、Clarence Reed、Margaret Campbell、Ron Miller、John Portman、Anthony Rubano、Patrick Stacey、Gregory Donofrio、Irene Thali、Boo Pergament、Luke Everingham、Debra Gust、Bing Xu 和 Nancy Noonan。本书的一部分发表于建筑史学者协会（Society of Architectural Historians）关于动态（kinetic）建筑的会议上。感谢会议主席 Victoria Young 及主持人 Nicole Watson、Taiji Miyasaka 和 Eran Neuman，感谢他们对这一论题卓有成效的讨论。Aviva Zuk Share 和 William Zuk 一家为回忆提供了经济资助。普林斯顿建筑出版社的 Kevin Lippert 和 Jennifer Thompson 很重视旋转建筑的重要性，从一开始就鼓励我。手稿极大地受益于编辑 Dorothy Ball 深思熟虑的点评及专业的编写意见。Paul Wagner 的精湛设计技巧将本书的活力表现在每一页中。Graham 美术研究基金为这项研究及本书提供了重要的资助。最后，感谢我的夫人 Melissa 还有女儿们，感谢她们对我的耐心和支持。

序

1906 年，美国报纸专栏作家乔治·艾德（George Ade）描述他计划进行一次跨越大西洋的海上之旅，并预定了一间他认为会在途中充满阳光和和煦微风的套房。然而旅程刚开始，他就失望地意识到船只离港时必须调头，他的房间实际上是面朝北方的，"舷窗外什么都没有，除了从拉布拉多半岛（Labrador）刮来的冷风。"这次经历让他有了这样的想法：

"船意料之外的调头方式使我想到一个旋转公寓建筑计划。这座建筑物坐落在巨大的脚轮上，可以缓慢旋转，这样的话每间公寓在一天的特定时刻都可以朝向南方，更不必说还有隔几分钟就能看到新景色的好处。南向、鸟瞰林荫大道的公寓可以收到双倍租金是人所共知的。如果每间公寓都朝南，都可以面向主干道，想想收益会增加多少！"[1]

艾德并不是第一个有建造旋转建筑想法的人，但是他的描写和计划代表着整个 20 世纪旋转建筑发展过程中的特点。旋转建筑有不断变化的视点，提供了一种观察世界的新方式。通过齿轮、电机和滚珠轴承，它们或为控制天气和采光，或为娱乐或展示，给内部的人们提供自然的服务。业余发明家、企业家和被认为是怪人的人们为自己的需求或打包出售，而接受设计出可行的、经济的设计挑战。像乔治·艾德的灵光一现一样，很多这些设计只停留在纸面上，但一个充满旋转建筑的未来愿景仍然使人难忘。

轮子恐怕是最早的旋转工具，自从它进入人类历史，就生出无数衍生品。从原始的水车和中世纪的风车，到莱昂纳多·达·芬奇画在自己笔记本上的卷扬机、齿轮和滑轮，旋转设备克服了人类肌肉的局限，增加了可利用的力量和空间。以前的工程师们将起重机、打桩机、掘进机和挖泥机等装在转盘上，以提升其工作范围和便于移动。之后，其他旋转建筑的出现则是出于实用或超尘脱俗的原因。

旋转结构参考了地球的自转和天体的环形运动，白天跟随太阳，夜晚追逐星辰。带有看上去像夜空一样穹顶的，传说中的宫殿，暗示出人类对宇宙奥秘的遐想，以及对人类在宇宙中位置的思考。16世纪，第一座带有旋转穹顶和望远镜的天文台建于德国卡塞尔（Kassel）。20世纪，计划中的空间站也可以旋转，用以在外层空间模拟地球重力。

和所有技术一样，旋转建筑既促成了创造，也造就了毁灭；有些至关重要，有些则只是玩物。攻城弩炮使用旋转器械调整角度，通过旋转机构，巨大的火炮及其护甲得以瞄准逼近的威胁。1933年，建于纽约市女子拘留所内的旋转祭坛被隔为三个部分，使一个室内空间得以为新教、天主教和犹太教三个宗教服务。[2] 旋转舞台通过快速更换场景以及动态布景的新形式取悦于观众。在摄影和电影胶片还没那么敏感的时候，早期的电影拍摄（室内场景时），是在只有三面墙壁、没有屋顶并可以旋转的特殊房间中进行的，目的是为了获得最佳的自然光线并控制阴影。旋转娱乐骑乘设施和带有旋臂的摩天轮和钢结构观景塔，让去游乐园游玩和在海滨度假的人们激动不已。

至少从中世纪时期开始，就出现了可以转动的人居建筑——供短暂拜访或是一顿晚宴。供欧洲王公贵族们取乐的园林中坐落着卓尔不群的晚宴厅，像亭子一样的庇护所，不仅使访客印象深刻，同时也能从中欣赏到可以变化的周边景色。19世纪，作家们首先想象出了一个充满旋转住宅的未来。20世纪初，新技术的发展和人类智慧无所不能的氛围，促使形形色色的企业家、物理学家和健康倡导者们力求实现旋转建筑的梦想。

设计师被这一概念吸引有许多原因。他们提出的机械装置和建筑形式的范围，反映出他们不同的动机，及其工作的文化氛围。有些人通过利用分区的旋转平台将起居空间最大化，转动手摇曲柄或是按动开关，起居室就可以变成一间卧室。整体旋转的旋转住宅可旋转进微风或阳光之中或避开它们，通过调节外部环境的影响作用于建筑室内。20世纪早期的疗养院使用旋转小屋，让结核病患者沐浴在日光下。旋转住宅窗外的景色可以按照居住者的兴致变换，颠覆了自从人类开始建设以来基本上保持不变的建筑与基地之间的静态关系。

20世纪上半叶，旋转吧台出现在高水准酒店和夜总会中，顾客们可以在缓缓围绕中央的酒保和酒旋转的凳子以及吧台面上，享受鸡尾酒。第二次世界大战后，商人和建筑师将这一概念和在屋顶用餐以及新的电视塔建设结合，开创了旋转餐厅的时代。在高悬于空中，缓缓旋转的房间内用餐成为观光者的仪式，同时也是年会和特殊庆典所中意的地点。全球的城市竞相在酒店、写字楼和电波塔顶建设旋转餐厅，将其视为现代和进步的标志。

从表面上看，历史上的旋转建筑间的共同点貌似很少。需要让一座风车转动的原因和战后时期使餐厅旋转起来的原因大相径庭。舞台为娱乐而旋转，而治疗小屋为治疗呼吸系统疾病这个严肃的目的而旋转。旋转所使用到的机械结构也存在着很大的不同。有些手动旋转，还有一些靠液压或是由太阳能电池板驱动的电动机；有些只能转半圈，另一些则可以没有限制地旋转360°。安吉洛·因韦尔尼齐（Angelo Invernizzi）1936年设计建造的意大利维罗纳市（Verona）附近的旋转别墅，转一圈要花上9个小时，而1965年建成的伦敦邮政局塔顶餐厅每22分钟就可以旋转一圈。

然而，年代、地域和功能不同的旋转建筑尽管存在着许多差异，也仍然有许多共性。旋转建筑是那些爱追根究底的问题解决者们决定改进现有的工作、生活和思考方式的产物。许多旋转建筑设计反应出对技术慈悲的信念，例如合适的机械几乎可以解决一切问题，新的方法总是好的方法等。在一些案例中，设计师将他们对机械解决方案的想法和激情，置于所有其他因素之上——居住者的舒适与便利让位于旋转特性。技术代表着进步这种信仰也反映在更广泛的文化现象中。但是，也有迹象表明公众对于旋转设计还是抱有一些矛盾心理的。

过去130年间，旋转建筑出现在报纸杂志报道、百老汇的闹剧、小说、电影和电视节目中。其中大部分设计都引起大家的好奇，但对它们未来的担忧削弱了这份好奇。由于最大化利用了有利于健康的阳光和通风，卫生官员对旋转住宅大加赞扬，但在各类评论文章中却被嘲讽为社会已经发疯的证据。在正统的建筑学领域，旋转建筑已被作为华而不实的代表而被忽略掉，与此同时却有些人认为它们是不可避免的未来设计。世界博览会和住房博览会的与会者排队参观最新型的旋转厨房，但几乎没人想在自己的住宅中装上一套。

旋转餐厅和支撑着它们的令人眩晕的高塔，特别容易成为被嘲讽的对象。东柏林电视塔和其上的提利卡菲（Telecafé）旋转餐厅被称为"电视芦笋"（Tele-Asparagus）。伦敦邮政局塔楼，负责传送电话信号，靠近顶部的那座旋转餐厅，被叫成"现代巴别塔"。美食评论家发现主菜价格和餐厅的高度之间有某种联系。该谐作家卡尔文·特里林（Calvin Trillin）就曾写过"我绝不会在一家高出地面100ft（30.48m），又动个不停的餐厅里用餐。"[3]

*　　*　　*

早在古罗马时期，旋转建筑就被视为穷奢极欲的象征、富裕的代表。旋转设计意欲使人敬畏，至少是要达到让人印象深刻的效果。对于那些20世纪初就拥有汽车的富人们来说，设在车道上和私家车库内的汽车旋转平台，看上去和私家司机一样必不可少。20世纪60和70年代，任何一座称得上"单身汉公寓"的住宅内，都有一张标志着性能力和财富的旋转床。在唐·德里罗（Don DeLillo）2003年的小说《国际大都会》（Cosmopolis）中，年轻、单身的百万富翁男主角在和失眠作斗争时，就是在他位于曼哈顿摩天大厦顶层的旋转卧室里读诗歌。[4]

旋转建筑之所以独特并不仅仅因为它们能旋转。它们的外观形态也常被塑造成最能强化其旋转能力的样子。有些也反映出设计者不喜欢传统建筑的个人主义美学特征。其结果是旋转住宅、餐厅、酒店和其他旋转建筑在外观上和传统建筑几乎没有相似之处。高居于底座之上，穹顶型或六边形，被细分成小格的墙面以及不同寻常的玻璃构造，所有这些非传统的设计选择，都让旋转建筑和其他建筑的区别更大。

无论作为个体或是一类建筑，很容易将旋转建筑单纯地看作反常特例，它们在建筑学上是与已经建成的建筑格格不入的。但它们还是有相似性的。就它们可以移动这点来说，旋转建筑可以被归类至可动设计的大分类里。威廉·朱克（William Zuk）和罗杰·H·克拉克（Roger H.Clark）在他们1970年所著的《动态建筑》（Kinetic Architecture）一书中，这类建筑被界定为可以根据变化的环境条件或是计划需求而改变。[5]它们使用气压计、风速计、光伏电池等实时评估环境，使电动机运转，自动伸展、缩回、折叠或展开以及旋转。这些设计的形式或朝向，可以对时间变化、太阳位置、云层情况以及是否有风或降雨作出反应。动态设计中的运动也可以基于天气、居住者的活动以及他们对更为私密或开放的愿望，甚至是单纯的一时兴起而人为控制。

朱克和克拉克讨论了带旋转观众席和可开启屋顶的音乐厅和体育馆、自承重庇护所、充气展示大棚、旋转建筑以及大量关于模块建筑和城市的实验性、概念性方案，这些方案都是可增长扩张的。他们谈到运动的本质是变化，而建筑学需要变化——既包括可随着时间改变朝向的单体建筑，也包括新出现的建筑可适应性设计领域。旋转建筑设计所力求达成的，正是这种至关重要的灵活性。

将旋转建筑作为古怪独特的特例，削弱了可以从中总结的经验教训。对这些建筑的研究可以揭示，为何建筑师、工程师和业主想让他们的住宅、餐厅、监狱、剧院或其他建筑可以旋转。但是也展现出公众如何看待、理解建筑；设计师用哪种方式作出决定，用最佳的明确方案表达出自己的想法；以及公众文化中的主题——如 19、20 世纪之交对效率的痴迷，第二次世界大战后对太空旅行的迷恋——如何在我们的建成环境上留下印记，这些都是颇有价值的深刻见解。

虽然这一研究是对可旋转建筑的一项调查，但它同时着眼于不同地点、不同时期促使概念形成的文化氛围。旋转建筑是人类文化的产物。正因如此，它们提供了深入了解建造这些建筑的人们的机会，他们所关心、希望、感兴趣的是什么，以及如何看待周遭世界。甚至那些被设计出来但从未建成，构想出来却从未实现的建筑，也在给我们讲述着它们的设计者及其生存时代的故事。20 世纪上半叶，旋转建筑是"机械的精巧发明"，迎合了机器时代。可旋转的设计反映出以越来越多的、运动为特点的科技发展所带来的动态能量，例如电动机、火车、汽车和刚刚开始的航空时代。在第二次世界大战后的岁月里，旋转建筑是太空时代、晶体管、集成电路的产物；再晚一些，则是代表了智能和绿色设计的新事物。

旋转建筑的故事和机械化，以及被认为即将到来的自动化浪潮交织在一起。机器对我们的日常环境、工作和生活的冲击都已被记录在案。沃尔夫冈·施菲尔布什（Wolfgang Schivelbusch）关于一项更古老、更普遍的人造物——铁路的变革影响的书籍：《铁路之旅：工业化与时空感》（The Railway Journey：The Industrialization and Perception of Time and Space）[6] 是一本很有影响的著作。在前言中，艾伦·特拉亨伯格（Alan Trachtenberg）指出，文化史学家寻找"由新结构、新事物中衍生出的新的意识形态。当现代性于 19 世纪具体化时，一个特色是机械装置激进地出现在日常生活中。"特拉亨伯格提倡一项研究，针对"在那些新事物和旧习惯发生关系的细微之处，寻找文化迹象，以及那些我们将之归为历史感的、事物本身在意识范畴内唤起、影响、塑造某种反应的力量。"[7]

纵观旋转建筑的整个历史，它们是未来建筑的先行者，大范围出现指日可待。但目前为止仍只是个良好愿望。可行的、可被广泛接受的并经济适用的旋转住宅梦想仍可望而不可及。其他的形式此起彼伏，已经建成的设计案例，纸上谈兵无法实施的设计，开发者们的动机、影响和解决方式，公众对旋转住宅持续不断的兴趣，旋转监狱的出现，旋转塔、旋转舞台和旋转餐厅，所有这些都展示出新的、机械设施与旧习惯的交锋，值得我们一探究竟。

第一章
旋转建筑早期历史

公元 64 年，一场大火席卷了整个罗马帝国首都，使市中心留下大量灰烬，不适合人类居住。尼禄（Nero）皇帝利用这个机会建造了一座带园林景观的巨大豪华别墅，名为"多莫斯金叶"（Domus Aurea）或是"金屋"（Golden House）。晚些时候，尼禄的批评家们在这座宫殿中找到了几处地方，包括人工湖、100ft（30.48m）高的皇帝雕塑，以及带有旋转机械的房间，它们明显带有皇帝性格上狂妄自大、自我放纵的特征。根据苏埃托尼乌斯（Suetonius，罗马帝国时期历史学家，著有《罗马十二帝王传》）于尼禄死后六十几年时的记载，有几个地方可以旋转："几间餐厅都为拱顶，顶棚上的分隔以象牙镶嵌，可以旋转并撒下花瓣；内部还设有可向来客身上喷洒油膏的管道。主宴会厅为圆形，不分昼夜一直旋转，以模仿天体运动。"[1]

但是学者们还需明确测定苏埃托尼乌斯所描述的一切。当一个巨大的八角形大厅在"多莫斯金叶"幸存的一翼被发现时，有人说它可能就是传说中的旋转晚宴厅。这间拱顶房间必然是一个展示空间，室内豪华，上覆穹顶。由于房间内没有任何旋转机构存在过的迹象，一些人认为，穹顶宽阔的圆形开口原本由下方绘制着星座的天窗覆盖，正是这个天窗在设在槽形轨道内的轮子或滚轴上旋转。[2] 另外一些人推断旋转餐厅是可分离的，很有可能是木结构的、类似旋转木马的建筑物，位于宫殿范围内某处。[3] 最后一种看法认为，苏埃托尼乌斯仅仅是为了强化皇帝作为浮夸暴君的恶名，而夸大描写阳光射入天窗时变化的效果。

无论如何运作，也不管它是否曾经存在，尼禄的旋转宴会厅概念都是旋转建筑，以及这类建筑如何被呈现和被理解的重要象征。很明显，苏埃托尼乌斯的故事意欲表明，这种设计是皇帝决定向其访客炫耀的产物。它糅杂了旋转和幻觉，暗示着对感官进行欺骗的尝试。旋转的穹顶将其拥有者置于宇宙的中心，从而提升其威望，以及在其他所有人心中的地位。当房间内的人们看上去静止不动时，好像整个世界都围绕着他们转动，这种中心姿态是其后许多旋转住宅或其他建筑宣扬的一种观念。

尼禄死后的几个世纪中，其他国家的皇族也使用这一观念建造了同样壮观的移动建筑。拜占庭及其后期的中世纪资料描述了波斯国王库斯洛埃斯（Chosroes）于17世纪建造的一座庙宇或宫殿。它穹窿型的顶棚上描绘着星空，室内装饰模仿暴雨和闪电。在其中央，一张可以旋转的御座或雕塑位于柱头之上，由房间下方的畜力推动。300年后，科尔多瓦（Cordoba）哈里发阿卜杜勒·阿−拉赫曼三世（Abd ar-Rahman Ⅲ，也被称为安−纳西尔 An-Nasir），在他的宫殿中建设了一座让人印象深刻的会堂。一位编年史家将这座有穹顶的房间描述成墙上镶饰着珠宝与金银，并可以旋转。但根据一些记述中的说法，这种转动是由房间正中央的一大池水银产生的幻觉：

"当安−纳西尔想使别人对他产生敬畏之情时，他会给他的一个斯拉夫奴隶信号，让水银运动起来，它产生的反光就像闪电可以摄人魂魄，直到所有人都被光线包围……只要水银还是运动的，整个房间就都在围绕着它旋转。据说这个议会厅（会堂）是圆形的，而且朝向太阳。"[4]

早期工业中的旋转建筑

旋转也被以不那么戏剧化的方式，应用在节约能源和减轻劳动量上。轮子的发明和最初的使用年代已经不可考，但后来的轮型工具应用情况更容易确定。通过将扁平石盘放在中轴上用手旋转，陶工们早在公元前3000年，就大幅度提升了塑造黏土的速度和精确度。据技术史的记载，机械革命以及对机器的依赖都可以追溯到这个质朴的发明。"转轮的动量将陶工运用肌肉的劳作降到相当低的水平，是现代工业出现前人类使用时间最长的省力工具之一。"[5]

在随后的许多个世纪中，基本的滑轮、绞盘、齿轮和螺钉最大化地发挥了人类和家畜肌肉的力量。从古罗马到阿拉伯帝国、印度和中国，这些轮子被组合进越来越复杂的机械来满足越来越多各种专门的用途。水泵、螺旋压榨机、纺轮、机械钟表以及塔式起重机都依赖这些旋转部件。

水车是利用大自然伟力的首批机械之一——可以用来磨制谷物，操作锯、风箱和锻锤等。在没有落水资源的地方，磨坊主们改进这项技术来利用风力。虽然还不知道它们的精确起源，但是很多人认为风车12世纪最初出现在英国、法国或佛兰德斯（Flanders，欧洲西北部一块历史上有名的地区，译者注）。他们沿着北欧的海岸传向斯堪的纳维亚和俄罗斯地区，之后的十字军东征把它们带到了中东地区。

最早的风车被称为单柱风车（post mills），因为其主体围护结构（称为"buck"，即风车车身）坐落在一根木制中柱上并绕其旋转。车身内容纳着齿轮和连杆，利用巨大叶片的转动来驱动磨石或抽水。中柱由直径可达2ft（约60cm）的整根树干支撑。在车身下方，通常还有一个木或石结构的圆形房子，起到支撑结构及围护中柱的作用。在叶片的对侧，有踏步从风车车身伸向地面，同样伸出的还有一根长杆，称为尾杆（tail pole）。为了避免叶片打到牛，风车周围一般都有壕沟环绕。[6]

虽然效率已经是它们所替代的手推磨或马拉磨的几倍，单柱风车仍然是劳动力密集型的，并带有潜在危险的机械。当风向改变时，风车也必须随之转向。为了转动车身，磨坊主须将梯子抬离地面，抓牢尾杆，猛扭整座风车到合适的位置。一些风车使用绳子和锚固在风车周边柱子上的

比利时单柱风车，16世纪约翰内斯·施特拉丹乌斯所著《新剧目》一书的插图

俄罗斯西伯利亚单柱风车，1912 年

绞盘来转动。像巨大的风向标一样，晚一些的版本中尾杆上加装了扇状尾，使风车可以自动转向风来的方向。

当风暴发生时，叶片的转速可以通过离开迎风向或内部刹车装置（这要冒着产生过多热量导致火灾的风险）的方法来控制。在早期的木结构叶片方案中，磨坊主可以将一部分转叶上覆盖的织物卷起来，减少迎风面积。晚一些的改进型号中，加入了弹簧控制的叶片活板，活板可以打开，使过多的风通过来降低转速。最后，这一部件被设计成磨坊主可以在风车旋转的同时控制的活板。

单柱风车是一项历史悠久的技术，迄今为止，全世界范围内仍有很多在运作。它们的发展对地方经济、面包价格、人口增长都有深远的影响。它们促进了技术变革，同时也动摇了旧有的社会秩序（封建制度由地方领主和修道院长垄断谷物磨制从而控制价格，一些早期的单柱风车就是由希望摆脱他们控制的企业家兴建的）。随着变化的天气旋转，单柱风车是建筑即刻适应外部世界的早期案例。

文艺复兴时期的旋转工程与建筑

文艺复兴时期，齿轮、销齿轮、螺杆、

传动轴以及轮轴杆的图纸，以及它们所能支撑的机械装置和结构，出现在大量艺术—科学家的作品中。莱昂纳多·达·芬奇曾绘制过菲利普·伯鲁乃列斯基（Philip Brunelleschi）为史无前例的圣母百花大教堂（Basilica di Santa Maria de Fiore）建设所发明的旋转塔式起重机。他自己的设计包括一个滚动轴承以及周转齿轮总成，就是小一些的齿轮围绕大型齿轮圆周转动。虽然这些机械的应用没有被记录下来，但前者很明显的是现代轴承轨道的先驱，或是现代旋转设计中采用的"座圈"（"race"）。阿戈斯蒂诺·拉梅利（Agostino Ramelli）在他1588年的旋转阅读桌设计中使用了周转齿轮（epicyclic gear），也许就是受到莱昂纳多图纸的影响。[7]这个设备展示了一种在有限空间内展示打开的书本的高效方法——只有当时需要的文字在最前方，剩余的书本在视线外，但是已经准备好随时可阅。这类旋转家具是后来出现的内部旋转住宅设计的重要先驱。

文艺复兴时期工程上的创新和建筑设计及理论的繁荣密不可分。这一时期完成的建筑文献包括莱昂·巴蒂斯塔·阿尔伯蒂、安德烈亚·帕拉第奥、塞巴斯提亚诺·塞利欧和文森诺·斯卡莫齐（Leon Battista Alberti, Andrea Palladio, Sebastiano Serlio, and Vincenzo Scamozzi）的论文。建筑学者们将当时

阿戈斯蒂诺·拉梅利的旋转书桌，1588 年

的设计实践和过去经典的案例联系起来，试图定义适当的比例，提出理想的、适合未来发展的建筑形式，将其编成法典。

后者就是建筑师和雕塑家安东尼奥·迪·彼得罗·艾沃利农（Antonio di Pietro Averlino），他更知名的绰号是菲拉雷特（Filarete），意为"完美主义者"，是在他 1942 年的著作《建筑论

《》(Treatise on Architecture) 中一个建筑案例所表达的。在这本书中，菲拉雷特通过阐释现代乌托邦斯福森达 (Sforzinda) 和它神秘的港口波鲁西亚波利斯 (Plusiapolis) 展现了他的设计理念。这个项目是在一段故事中建筑师（就是稍作掩饰的菲拉雷特本人）向他的赞助人 [以作者自己的恩人，斯福尔扎 (Sforza) 一家为蓝本] 解释它的各类建筑时描述到的。在书的结尾，菲拉雷特描写了一座石造旋转塔。方形的塔基高 20 布拉恰 (Braccia，大概一臂长的长度单位)，每个里面上有拱门入口。上方是 5 层高的圆柱塔身，每层周围都是人形柱，靠设在下方套管内巨大的球形支座旋转。居于塔顶的，是现实世界里米兰执政官的儿子，加莱亚佐·斯福尔扎 (Galeazzo Sforza) 骑在一匹后腿站立的马上。[8] 菲拉雷特并未详述塔的功能。其作用看上去主要是为了纪念。

塔很久以来都被作为科技进步、城邦荣誉以及政治成就的象征。雕像——无论是苏联解体后时代的自大狂雕塑，还是饭店塔楼上放置的——都强调着对技术和下方土地的控制。通过将领导人儿子的形象放在建筑上并让建筑旋转，菲拉雷特展示出作为设计师的才华，取悦其主顾，肯定了赞助人的统治地位。诚然，旋转增强了对斯福尔扎权力的暗示；一座可以旋转的雕塑是全知全觉的。和 20 世纪重建城市中心的规划师们一样，菲拉雷特可能同样认识到了作为这一城市生活新视觉焦点的引人注目的高塔的重要性。

旋转防御塔和炮台

文艺复兴时期的设计，和其他技术革新一样，常常由军事需求驱动。在整个历史长河中，军事力量在不断追求更快的剑、更厚的城墙和更安静的潜艇。金

菲拉雷特的《建筑论文》中记载着旋转塔的一页，约 1462 年

属铸造技术的进步创造出威力强大的火炮，使原来的防御工事不堪一击，旋转加工机床催生了带膛线的枪筒，大大提升了命中率，机枪的发明让射速成指数倍增加。19世纪，人类全面进入机械化战争时代。在头十年内，为防御敌人从海上入侵港口，至少两项漂浮旋转排炮设计被提出（但最终从未被建成）。多门火炮像轮子上的辐条一样朝外布置，这些圆形排炮位于可旋转的平台上，控制每门火炮瞄准目标，以实现最快的连射速度。[9]

1841年，西奥多·廷比（Theodore Timby），一位来自纽约州锡拉丘兹（Syracuse）的19岁少年，提出了他自己设计的地面旋转炮塔。[10] 为了精确展示他的发明，他用一根4in（约10cm）的象牙雕刻了一个迷你版本。第二年，他建造了一个直径7ft（约2.133m）的带有装甲的模型，并于1843年1月获得了专利。廷比口才很好，制作模型的功力也非同一般，在那年夏天，它在纽约市政厅为约翰·泰勒总统展示了他的模型。

他设计的全尺寸版炮塔应是两层高，直径100ft（30.48m）的铸铁圆柱体，坐落于石头基础上，内外有两层环，内部配有供瞄准和射击的复杂机械。每个炮塔外层设置了两层计30个交错的炮门，火炮可以从炮门伸出开火。环状外墙由250马力的蒸汽机驱动，放置于摩擦滚轮上，每分钟旋转一次。内层核心筒可以独立于

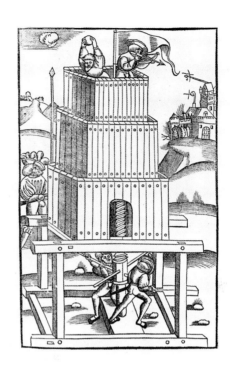

旋转炮塔和它的发明者

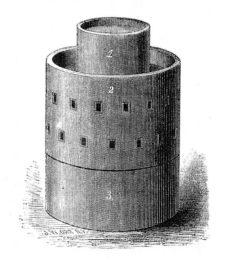

上：1532年出版的一本意大利军事科技书籍中的伸缩攻城机

右：廷比的旋转炮塔模型

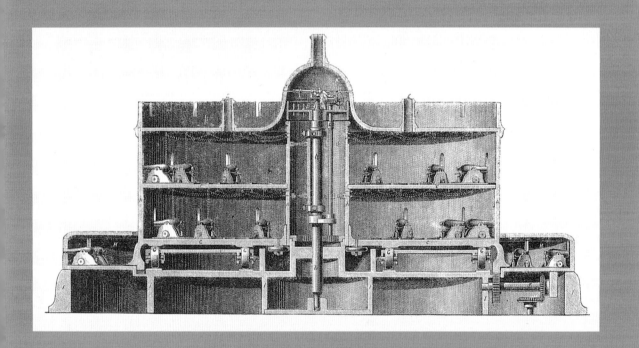

本页：
廷比旋转炮塔的纵剖面

对页：
联邦海军在联邦战舰莫尼
特号甲板上学习，1862年，
注意旋转炮塔上被直接命
中的痕迹

环状外墙旋转，内设圆顶形的控制中心，高出外圈墙体的锯齿状女儿墙。指挥官可以在控制中心内（通过手摇曲柄）旋转内部塔楼，将他的望远镜对准目标船只。之后，外圈环开始旋转，当每门火炮经过望远镜位置时，电子线路扣动扳机连续开火。下方炮兵只负责装填弹药和控制火炮的高度调整射程。通过这个系统，核心筒的功能类似于潜艇上带有潜望镜的指挥塔，外圈上的每门火炮，相当于加特林机炮（Gatling Gun）上的单支枪管。

在长达 20 年的时间中，廷比至少做了 5 个旋转炮塔不同比例的模型。报纸杂志包括《科学美国人》（Scientific American）和《时尚芭莎》（Harper's）都曾刊载过介绍文章。他不知疲倦地频频出现在一般公众以及许多政客和军队首脑——新英格兰的州长们、内阁官员、国会议员、陆军海军军官以及巴黎的法国当权者面前。尽管付出如此多的努力，他仍未能说服别人建造一座全尺寸的旋转炮塔。直到1861年美国南北战争爆发，旋转炮塔的轻便缩水版本才应用于战争中——登上了新型战舰。

美国海军莫尼特号（Monitor）全部由铸铁制造，吃水线 2ft（约 61cm）以上，就是操舵室和巨大的圆形炮台，上有一对火炮从开口内伸出（一位南方邦联军水手将其外形比喻成"一块飘在水上的庞大卵石，中间升起一个巨大的奶

酪盒"[11]）。炮塔由两台蒸汽机驱动，可以 360° 旋转。炮塔的发明者，出生于瑞典的约翰·埃里克森（John Ericsson），宣称莫尼特号的设计基于他 1854 年设计并呈送法国国王的另一艘炮舰。然而，在莫尼特号下水之前，西奥多·廷比就曾促请埃里克森的出资人注意他之前关于旋转炮塔的工作，最终因为他无意间对此项目的贡献获得了一笔现金回报。

1862 年开始服役后不久，莫尼特号在汉普顿锚地海战中，与南方邦联海军的装甲舰弗吉尼亚号对战。这场交火对海上战争的未来以及战舰设计都有非常重要的意义——老的木制战舰和固定火炮完全无法与装甲舰和旋转炮塔匹敌。战争结束前，美国海军装备了 50 艘以上莫尼特型战舰。在接下来的 20 年中，升级并加大的旋转武器成为战舰的标准配备，使海战战术发生了一场革命。[12]

西奥多·廷比构想的陆地多火炮旋转炮塔一直都没有建成。然而，却有很多不那么复杂的，布设有大口径火炮的装甲旋转炮塔在陆地上建成，通常位于海滩或易被入侵的边境线上。旋转炮塔是第二次世界大战前法军沿德法边境建造的由强化碉堡、隐蔽炮塔和反坦克堑壕组成的马其诺防线（Maginot Line）上的重要部分。每座炮台上都有一对机关枪、榴弹炮或迫击炮。炮塔隐蔽在几英尺的钢筋混凝土壳体内，由电动机控

缩回状态的旋转炮塔，位于法国马其顿防线上的舍南堡要塞（Schoenenbourg Fortress），2006 年

制升降并可 360° 旋转。在 20 世纪 40 年代，德国海军采用从退役军舰或俘虏的敌人舰艇上拆卸的钢旋转炮塔，来防御其占领的延绵的海岸线。[13]

花园里的装饰性建筑——旋转凉亭

至少从 12 世纪起，凉亭就是欧洲王公贵族们青睐的花园或公园内的必备之物。[14] 阿图瓦的罗伯特伯爵二世（Count Robert Ⅱ of Artois）1295 年建造了法国北部的埃斯坦（Hestin）公园。这个巨大的花园围墙内有果园、鱼塘、水池和喷泉、葡萄园、草地、森林和沼泽。为了完善这些自然景观，罗伯特伯爵建造了许多装饰性的建筑，包括

一座动物园、一间鸟舍、一间小礼拜堂以及一个大宴会厅。"好人菲利普"（Philip the Good），罗伯特的继承人，增加了其他一些建筑，包括历史学家描述为"可以在公园内旋转，朝向太阳的有轮子的宴会厅。"[15] 这样一座建筑使尼禄皇帝的旋转餐厅更先进，整体都是可动的。

小伯纳德·兰斯（Bernard Lens the Younger）1736 年画的一幅内容是伦敦肯辛通（Kensington）花园的画作中，展示了画作名称所说的"旋转凉亭"。兰斯是位知名的微缩画家——绘制用在纪念物、名卡和珠宝上的小肖像。像雅典的帕提农神庙一样，凉亭坐落在一座可以俯瞰整个宫殿花园的小山上。皇

伦敦肯辛通花园内的小
山和旋转凉亭，小伯纳
德·兰斯，1736 年绘制

家园艺师查尔斯·布里奇曼（Charles Bridgeman）重整过基地，将不对称和不规则元素引入原本规则几何形的景观中。蜿蜒的小路、草坪和大树成行的林荫大道，为在以人工模仿自然的景观中体验与冥想提供了可能。实际上，小山本身都是人造的，山上泥土是别处为开挖人工湖而掘出的。为了利用场地中的景色，提供可以观景的地点，布里奇曼和他的同伴们又设置了风雨棚、假的废墟以及凉亭等设施。

威廉·肯特（William Kent），一位画家、建筑师、家居设计师、景观建筑师，是布里奇曼作为皇家园艺师的接班人，他设计了兰斯 1733 年画作中描绘的凉亭。[16] 它像一座小型神庙，正面有拱形开口，拱两侧的女神像柱支撑着简单的三角楣。从兰斯的作品中可以看出，它既作为被观赏主体，同时也是可从内部观赏别处的平台。建筑位于画面中心，下方地面上逛公园的人们可以欣赏山上的建筑，同时在山上的其他人也能观赏到脚下展开的风景。通过旋转建筑，游客可以根据自己的意愿决定由房屋开口所框住的景色。同时，他们也改变了从下方看到的、这座小房子的样子。

旋转花园建筑和宴会厅在如此突出的位置出现，意味着这类建筑在园林景观设计中是很受重视的。然而从 17 世纪初关于其他一些旋转建筑的资料记载中看，也有一些比较简陋。1656 年，英国政治理论家詹姆斯·哈林顿（James Harrington）在一间总是面向阳光的旋转避暑别墅里，写出了他最著名的小册子《大洋国》（The Commonwealth of Oceana）。后来，哈林顿的精神健康状况恶化，隐居在这间别墅中，他的症状之一是当他写作时，总有苍蝇和蜜蜂在脑袋周围飞舞的幻觉。[17] 不知道旋转是加重还是缓解了作家的症状。

1900 年，一本叫《生活时代》（Living Age）的杂志，刊发了一篇由英国大臣、校长奥古斯都·杰斯普（Augustus Jessopp）撰写的题为《阿卡迪的长者》（"The Elders of Arcady"）的长文章。[18] 在这篇关于人生、回忆和先人们的沉思录中，杰斯普描述了几位长者的生活、故事和怪癖，其中大多数人生活在英格兰诺福克郡首府诺里奇（Norwich）西部的斯卡宁（Scanning）村，是他的同乡。其中一位名叫布莱特摩尔·特洛普（Brightmore Trollop），生活在 18 世纪中叶，是一位成功的木匠，退休后用积蓄购买了一座带有一栋房屋、100 英亩（约 40.5hm^2）的农场。他在离房屋约 400m 的地方造了一座花园，并开始将他的所有闲暇时间都用在上面。

特洛普将全部心力都倾注到建造一座湖滨圆形小屋的建造上。这座小屋用来容纳他经年来搜集的古董。小屋前面有门窗，外墙被描述成"木板做的大外套"，但其最与众不同的特点是可以旋转。在杰斯普的故事中，"这座欢愉之宫被以某种神奇的方式固定在台子上，可以绕隐藏在下方的旋轴旋转"。"积累的多年经验都倾注在了不起的宫殿和园林上，他远近闻名，人们常常远道而来特意拜访"。

但是找到这座花园里小屋的访客们还是想进到内部参观。当特洛普看到有人来时，他会将空白的背面转向小路：

> "在敲过外层木板一会儿之后，来拜访的人会听见老布莱特摩尔问候的声音，让他们从门进来，但直到他愿意旋转整间小屋，才能看见门，而老布莱特摩尔站着望向窗外，笑话着来者。"

特洛普让离开房子同样不容易。当访客想要离开时，特洛普会将它旋转，让门口刚好对着湖边，然后把门打开。当他的宾客抗议时，"那里转轴的嘎吱嘎吱声又响起来"，客人们才能从地面离开。

特洛普先生已经去世两百多年，在诺福克的乡下，他的旋转房屋的痕迹已了无踪影，因此也无法考证杰斯普的这个关于"不可思议的天才装置和所有危险的装饰性建筑"的故事是完全真实，还是被添枝加叶处理过，抑或纯粹是编出来的。[19] 无论真假，这个故事都确定了旋转建筑在园林中是有历史地位的；同时，也体现出在 20 世纪逐渐成形的这类旋转建筑的几大特征：独立发明家们倚仗自己的独特想象力在隐居地辛勤劳作，以及这些房屋的主要用途是为了娱乐来访者，给他们以深刻印象。

旋转剧院和会堂

公元前 60 年左右，罗马共和国的大祭司盖乌斯·斯克利波尼阿斯·库里奥（Gaius Scribonius Curio），据说发明了一座带有两个月牙形木结构观众区的剧院，两个区域背靠背对峙，可以（带着坐好的观众）旋转，形成封闭的圆形剧场。虽然库里奥的剧场如何实现其功能吸引了相当多人的兴趣，然而没有任何迹象表明它曾被实施。一千五百年后，托马索·弗兰奇尼（Tommaso Francini），一位文艺复兴时代专门研究花园水景的工程师，据说在卢佛尔宫为路易十三国王举办的盛大表演设计了一座旋转舞台。

当西方世界对旋转舞台并不是那么感兴趣时，它们在日本的传统形式戏剧——歌舞伎剧场中已经广泛使用，并达到了非常精密的程度。被称作"麻瓦里－不台"（Mawari-butai）的旋转舞台，最早于 18 世纪 50 年代由剧作家并木正三（Namiki Shozo）所采用。最早的版本只是在固定舞台上加设的带轮子的圆形平台，用手旋转。后来，旋转平台是与舞台同高的，轮子和其他机械置于舞台下方。1820 年左右出现了更复杂的版本，有两个旋转平台，

库里奥旋转剧院的剖面图

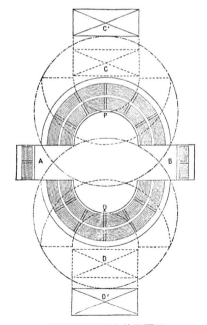

库里奥旋转剧院的平面图

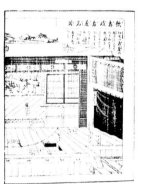

上：19 世纪所绘制的库里
奥旋转剧院示意图
左：库里奥剧院，平面图
右：日本歌舞伎剧院内的
旋转舞台，约 1800 年

一个套在另一个内部。[20]

有些时候，为了展示新的场景或人物，舞台是在两幕之间的黑暗中旋转的，但它也可以在演出中间由一幕转向下一幕时，或是更加自然地描写一幕之中角色、物体或背景的运动时转动。有内外两个环的旋转舞台，可以展现例如两条不同方向的船交错这类的动态事件。歌舞伎史学家 A·C·斯科特（A.C.Scott）这样描述旋转舞台所能达到的效果：

　　"旋转舞台最基本的特点就是，可以在观众看着的情况下变换整个舞台：时间、地点和氛围都可以转换，故事展开的连续性完全不会被打断。另一方面，观众还能被送回到之前故事转换场景的那一点上，使观众对剧目和表演有更加立体的领悟。"[21]

旋转舞台是歌舞伎剧院中所使用的，巧妙的常用布景装置之一。同升降舞台、滑门、滑动平台以及突入进观众席的平台一起，旋转舞台将观众带入故事中，使表演成为一种演员与观众间分享体验的过程。通过这些工具，歌舞伎剧作家们可以动态地展示转化与变化，描写超自然事物，用很炫的方式安排角色出场或下场，拉长或压缩空间与时间，将表演延伸到剧院的围墙以外。通过同时借用自然主义与写实主义来描写运动，旋转舞台使歌舞伎表演的风格化特征更为明显。

在 19 世纪晚期的美国，早期的旋转舞台案例主要是为了特定演出的临时或便携设备，从一家剧院被运到下一家。轻歌舞剧《生动画面》（"living pictures"或者"tableaux vivants"）就使用了放置在普通固定舞台上的旋转圆盘。转盘被分为 4、6 或 8 份，在表演进行时旋转，给观众带来一连串新场景。一家著名的公司，梅斯塔耶音乐戏剧团（Mestayer Musical Comedy Troupe），在他们的一出在整个美国东部和中西部地区演出过的剧目中就使用了便携式旋转舞台。

1884 年，哈里·梅斯塔耶的团队首演了他们的新的滑稽剧《我们郡》（We, Us & Co.），这出"音乐荒诞剧"围绕着名叫普尔斯威尔（Pulsiver）的内科医生的业绩展开。[22] 普尔斯威尔把他治疗的一个年轻貌美的女病人引诱至"泥泉"浴场（Mud Springs Spa），并和另外几人竞争以赢取其好感。戏的最后一幕是在浴场里的一座旋转建筑及其周边展开的。一个评论家描述道："一项很巧妙的设计，建筑可以转向任意方向，使得房东太太可以为每位住客提供北向或南向的住宅。"[23] 故事中的房屋坐落于退役火车头改装的转盘上，靠绞盘和骡子转动。美女主角说服他的求婚者们穿上苏格兰高地的盛装，并用风笛给她演奏小夜曲

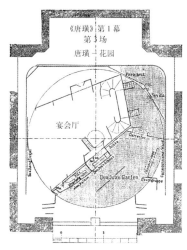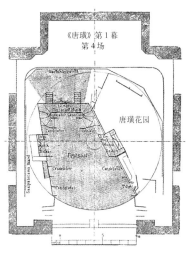

卡尔·劳滕施拉格尔绘制的戏剧《唐璜》的不同的旋转舞台布置平面图

之后，每个求婚者都抓起一部梯子要爬上她的窗户。"但是正当他们想入非非之时，房子转了起来，美女逃之夭夭。"[24]

旋转旅馆的主意应归功于查尔斯·巴纳德（Charles Barnard），他是一名记者、作家，同时也是哈里·梅斯塔耶的合作剧作家。在他之前作为大众杂志的科技编辑时，巴纳德看过许多各种各样的发明，后来其中很多都成为他创作幽默故事和戏剧时的灵感来源。巴纳德对《我们郡》一剧作的贡献，促成了他职业生涯的腾飞，并延续了在戏剧舞台上表现运动和动作的新方式。据当时的一本艺术杂志说："这部巧妙的机械吸引了很多演员去研究新鲜事物，并导致《庙会》（The County Fair）一戏中出现了使用踏旋器的滚珠座圈。"[25]

《我们郡》是比较早的、由于旋转建筑不同于传统建筑定义和功能，而将其作为误入歧途的科技进步来介绍的一部戏。可以旋转的温泉浴场被认为仅仅是靠不住的一种治疗法，和庸医们的大力丸没有区别。然而，如果不是不到20年后，旋转房屋的真实案例就出现在治疗性度假村和疗养院中，"泥泉"浴场会更容易被仅仅作为纯粹的喜剧元素而被忽视。

和歌舞伎舞台一样，梅斯塔耶的旋转浴场是整合在演出过程中的，其转动是表演的一部分，在观众的注视下运动。但19世纪末，当作为永久设备的旋转舞台在欧洲和美国流行起来时，它们的主要运作却是在幕后进行。这部分是对当时很多人认为剧院正在经历一场理解危机的回应；同时，也是避免挑剔的观众对一成不变的表演感到乏味、以产生抽离感的需

劳滕施拉格尔的多段旋转舞台机械设计

被观众看见的只是台口的一部分。通过这种布置，几种不同类型的三维场景可以在舞台上不同的位置搭建并隐藏起来，需要时再迅速旋转到台口。[26]

　　德国舞美设计师卡尔·劳滕施拉格尔（Karl Lautenschläger）设计的慕尼黑宫廷官邸剧院（Munich Court and Residence Theatre）内的舞台被认为是西方剧院中出现的第一个永久式旋转舞台。建成于1896年的这座舞台，既可以快速切换场景，又减少了幕后舞台工作人员的人数。直径50ft（15.24m），安装在滚轮上的旋转平台直接置于原有的舞台地面上。可以按剧目需求分为4、3或2部分，或是整体使用。劳滕施拉格尔当时正在思考更加复杂的、带有多个下方楼层可以容纳活动升降台板的版本，而官邸剧院舞台仅是测试其可行性的。

旋转监狱

　　1880年12月，印第安纳波利斯建筑师本杰明·F·霍（Benjamin F.Haugh）参加了印第安纳州克劳福兹维尔（Crawfordsville）的蒙哥马利郡（Montgomery County）行政会议，承担了4项不同的监狱设计任务。行政官员们集中在一起讨论建设一座新的监狱为不断扩大的郡服务，而霍当时是一家为店面和监狱服务的铸铁工厂的共同所有人。[27]

求。当场景越来越复杂时，幕间和场次间的时间越来越冗长。只有缩短幕间休息时间，戏剧氛围才能被更好地保留下来。

　　1883年，美国人查尔斯·尼达姆（Charles Needham）注册了一项旋转舞台专利，但这个设计可能从未实现。在之后的十年里，纽约第五大道剧院总机械师设计了一种不同类型的旋转剧院设施。同样未被实现的这一方案其主体是围绕观众席外围旋转的环形舞台，而能

我们不知道当天建筑师还提出了什么方案，但是在接下来的春天里，官员们挑选了一个最与众不同的方案。从外观上看，建筑物非常平凡——砖结构的维多利亚风格警局，后边带有一个正方形的监狱区——但在内部这个区域拥有一个独一无二的两层高桶形的铁制单人牢房组，可以绕中柱旋转。1881 年，监狱建成。

蒙哥马利郡监狱的圆柱形牢房被分为 16 个楔形的铁制单人牢房，每层 8 间。每间牢房内沿墙有一张简易床，靠中心的窄边一侧有卫生间和通风口。中轴内有冲洗用的水槽、通风管道系统以及后来被用作地下锅炉房烟道的中空通道。每间牢房的弧形铁栏上都有开口。内部带有牢房的圆柱体置于圆形栅栏笼子内，只有一个开口。如果某人想进入或离开牢房，整个牢房部分都要转动，使内部每间牢房上的开口和外圈牢笼上的门口对齐才可以。

这座旋转监狱的设计说明指出在夜间它应持续旋转。这不仅是为只有一人的狱卒在固定视点上监管整个监狱提供好的解决方法，同时避免运动中的囚犯透过外层铁栏向外张望。驱动牢房旋转的能量来自水车或重力弹簧装置。然而，看上去不间断的旋转只是推销的说辞。所有这些监狱好像都是靠手摇曲柄旋转的（考虑到整个铁制牢房部分重达几吨，这绝非轻松活儿）。

上：印第安纳州克劳福兹维尔的警长住宅和旋转监狱（右）
下：克劳福兹维尔旋转监狱的地下室和中柱，2006 年拍摄

对页
还在使用中的、
艾奥瓦州(Council
Bluffs) 的 " 松
鼠笼"("Squirrel
Cage")旋转监狱
独立的楔形牢房。
约 1970 年

本页
印第安纳州蒙哥
马利郡克劳福兹
维尔监狱的牢房
单元,约 1970 年

当克劳福兹维尔监狱正在建设中时, 霍和他的建筑师合伙人威廉·H·布朗 (William H.Brown) 获得了他们的设计专利。在接下来的 10 年中, 从佛蒙特州到西弗吉尼亚州到犹他州都建起了旋转监狱。设计上有所不同: 有的是单层的, 有的有三层牢房; 早期版本中, 圆柱形的牢房部分是由中柱支撑的, 而晚些时候的设计中, 牢房部分则是由上方悬吊的。19 世纪 80 年代晚期, 霍和他的合伙人将专利出售给密苏里州圣路易斯的保利监狱公司 (Pauly Jail Company)。霍、保利公司以及获得设计许可或是设计他们自己版本的其他人, 在全美国范围内, 总共建成了 18 家旋转监狱。[28]

专利所有者和生产厂商认为, 他们通过独特手段改善了传统监狱空间。旋转监狱的牢房内有通风设施和洗手间, 因而更加卫生成为它的卖点。保利公司认为, 旋转监狱是他们产品线上的主打品之一。其商品型录上声称 "当下可能没有什么发明与看守所或是监狱这种地方有联系, 而旋转监狱在对它感兴趣的人中引起了巨大反响, 其发展方向无疑是更大的监狱。" [29] 然而, 很多社区在建设了自己的旋转监狱后 (有些仅仅在几年之内), 都经历了 "买方的懊悔" (buyer's remorse)。

其缺点可谓不计其数。不受阻碍的监视，原本是设计的主要目的，但只有牢房组圆筒持续旋转时才能实现。有几座监狱由于下方地基沉降使牢房组倾斜，压在圆柱形的外侧牢笼上，使其运转困难甚至完全失效。消防局长和监狱督察们也越来越担心所有牢房只有一个门，中空的核心筒又会让一点火势很快蔓延到整个建筑，这都增加了潜在的危险。此外，当圆柱形牢笼运动时，倒霉的犯人们常常因为睡着、心不在焉或者没有行动能力而把四肢塞进栏杆中导致骨头被挤断。1904 年，在密苏里州马里维尔 (Maryville)，一位名叫查尔斯·弗莱 (Charles Fry) 的犯人死于头部被转动的栏杆挤碎。[30]

不合作的犯人们也会引起独特的问题。蒙哥马利郡监狱一名外号"假腿人" (Pegleg) 的普通犯人，有个习惯是把他的木制义肢伸到固定的外圈栏杆和内圈旋转牢房栏杆之间。狱警疲于给他买替换那些牢房旋转时挤碎的木腿，因此最后不得不要求"假腿人"被关起来前交出他的假腿。[31]大陪审团、法官和负责健康与安全的官员们要求关闭旋转监狱的呼声一直持续到 20 世纪 60 年代。为了继续使用，有些旋转监狱，例如蒙哥马利郡监狱，被改造成普通监狱。内部牢房组被点焊成固定的，每间牢房都开出门来。其他的旋转监狱则被拆毁。

犯人在中心，狱卒在外围的旋转监狱常被拿来与杰里米·边沁 (Jeremy Bentham) 设计的、与之相反的圆形监狱建筑相比较。边沁是一位英国哲学家、社会改革家，于 1787 年在一系列被出版了的信件中谈到了这一概念。这座圆形、6 层的圆柱形建筑物的平面上沿整个圆周布满牢房。狱警可以从每层楼的中央房间内监视带栅栏的牢房。然而，槽形观察孔的设计使犯人们看不到狱警，这样就无法知道他们是否或者何时被监视。虽然圆形监狱的许多元素被吸收进后来的监狱设计中，据边沁自己描述，没有任何一座圆形监狱得以建成。

边沁并不是将监视概念引入监狱建筑的第一人，但早期设计中都将监视作为保安方法，而圆形监狱将无处不在的监视，用来作为强制形成更加广泛的行为和道德系统的工具。每间牢房内的犯人必须工作。监管将制止（天生意志薄弱的）因犯们实践其破坏冲动。正如一位历史学家指出的，"监视的善行在于赶在罪行发生之前制止它。疏忽导致的罪行可以通过抵制一切欲望，探索必然性进行控制。"[32]边沁认为这一理论同时适用于医院、工厂、学校、托儿所以及孤儿院。[33]这些通过秘密监控进行社会控制和行为纠正的方法是被法国后现代主义学者米歇尔·福柯 (Michel Foucault) 开发出来的，他认为边沁的圆形监狱和当代社会强调通过各种形式的监督来规

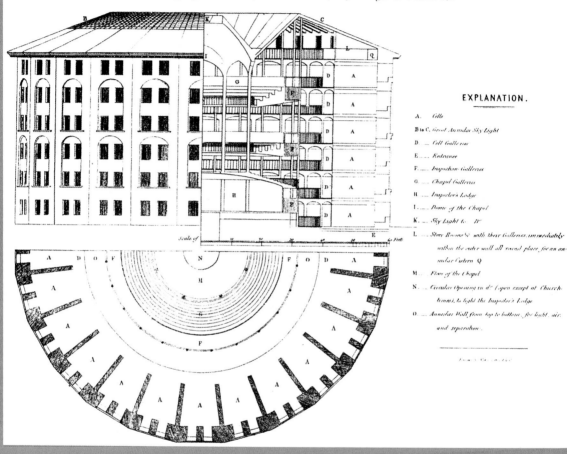

杰里米·边沁的圆形监狱，约 1790 年

范行为之间是完全等同的。[34]

　　无论旋转监狱还是圆形监狱，都限制了因犯间以及囚犯和狱警间的接触。他们的设计都精简了工作人员，这样就可以用维护费用低来作宣传。边沁试图为了因犯们假想的利益，利用秘密监视塑造其性格与道德；与之相反，旋转监狱以狱警的要求为重，实行规律的、毫不隐瞒的监督。

　　看到这些出问题的旋转监狱，就很难再珍视它刚出现时的魅力。据称低运营成本和其安全性是很有吸引力的特点。19世纪末，伴随着美国中西部快速移民汇聚了大量不法之徒，出现了很多聚众暴力、抢劫等案件，有人认为旋转建筑正是恐慌下的一种回应。它们看起来也是一个被新机械发明迷住的时代的产物。郡县委员会拍板决定的新监狱设计被表现得很高科技，远远超过实际。虽然它们提供了一些在监狱建设中前所未有的便利设施（上下水、室内厕所等），但最终旋转建筑仍被看作是失败的建筑，并成为技术永远可以为人类的最终利益服务这种想法的反例。历史学家沃尔特·伦丹（Walter Lunden）在1959年评论道："可能创造了旋转监狱的机械巧思，不过是建造莫尼特号战舰旋转炮塔和美军南北战争后装备的加特林机炮旋转装填装置所采用技术的一部分。"[35] 这也反映出对技术进步模棱两可的看法。

旋转娱乐设施

　　在19世纪开始流行的其他一些类型的机械设施设计中，观看和观察也起到了很大的作用，这些设备制造的目的不是社会控制，而是娱乐大众。全景画（panoramas）、驾驶汽车和各种娱乐项目的出现使一度被种种情况所限制的景色欣赏大为增加。通过旋转，这些娱乐设施被加入了新的令人兴奋的维度，同时将景观同文化中对运动和机械的兴趣联系在一起。18世纪晚期发明于欧洲的全景画在接下来的一个世纪里风靡整个西方世界。这些巨幅画卷大部分是透视形式，一般展现的都是某个知名景点、自然景观或重要的历史场所及事件的360°全景景观。它们的展出地点也以强调使观赏者融入场景之中的感觉进行设计。现场光线和背景都非常精心，以使这种幻觉尽善尽美。游客从下方进入，在圆柱形、带有隆起天窗以使观众看到所有画面的展示空间中心进行观赏。

　　在美国，全景画所激起的风潮比起欧洲要稍弱些。美国人更钟爱可以活动的版本，场景被画在长卷画布上，置于大卷轴上，用曲柄在观众眼前滚动。[36] 通过这种方式，观众可以花费很少的入场费，不离开座位就来一场哈得孙河（Hudson River）的虚拟之旅，或是穿越某国首都。这样一种娱乐设施开阔了旅行的体验，给更广大的人民群众提供了游历世界的新方式。斯蒂芬·欧意特曼（Stephen Oettermann）在他关于全景画现象的书中，描述了这些娱乐设施是如何使景观的视觉以及政治认知民主化的——它们常常从之前那些有特权的视角描绘名胜，例如卢佛尔宫的屋顶，又让所有视点都既没有变形，又完全一样。[37] 在活动画景中，运动的感觉和它与旅游的联系，都是由绘画和舞台器械重新演绎的。

当技术革新被首先应用于磨坊、工厂和铁路时，它们也在游乐休闲场所找到了用武之地。在19世纪末20世纪初，从海滨度假胜地或是城市内的游乐场里，一个嗜好狂热运动的时代开始了。在这些地方，寻求刺激的人们将自己投身到各种波动、扭曲和旋转里，沉浸在娱乐骑乘器械的巨大齿轮、转盘和线缆中。

旋转木马、观光小火车和云霄飞车将科技的活力和人类联系在一起。画上一两个硬币，这些设施就能提供模拟的危险和新奇的体验。

虽然被称为"上上下下"（up-and-downs）的简单木制版本可以追溯到18世纪，但直到19世纪90年代，以现代工程技术在大尺度上重新设计后，这种乘坐设施才被称为"摩天轮"（Ferris wheels）。1891年，发明家威廉·萨默斯（William Somers）提出了他的蒸汽驱动观景转盘，第一座建成于亚特兰大市，之后是科尼岛和阿斯伯里帕克市（Asbury Park）。但是特许在1893年芝加哥哥伦布纪念世博会上建造的摩天轮却是由小乔治·华盛顿·葛尔·法利士（George Washington Gale Ferris）设计的，这个巨大的构筑物有250ft多高（约76.2m），可以同时在36个轿厢内装载2400名游客。每小时旋转一圈。

摩天轮将游客运载到高出其他所有游乐设施的高空，提供了前所未有的对周边景色的视点。1890年左右，一位名叫杰西·雷克（Jessi Lake）的兼职卫理公会传教士为亚特兰大市建设了一处新的游乐设施——旋转观景塔，也提供了类似的体验。原籍新泽西州普莱森特维尔（Pleasantville）的雷克年幼时就对机械科技非常着迷。他之前曾经在卡特彼勒拖拉机发明前，就发明了一辆履带式车辆，可

本页：旋转娱乐骑乘设施，科尼岛，约1896年；由人力旋转

对页：1893年芝加哥哥伦布纪念世博会上乔治·法利士的摩天轮

copyrighted by
J.F. Waterman 1893

左：杰西·雷克的"悬吊秋千"展示了在秋千上的错觉

右：秋千的实际位置

以让旅客登上全速前进的火车；以及"悬吊秋千"（Haunted Swing），一种骑乘游乐设施，游客们坐在固定的轿厢上，轿厢在一个被装饰成建筑室内空间的大盒子里。盒子绕轴旋转，然后上下摆动，提供一种轿厢围绕房子旋转的感觉。

雷克的钢结构观光塔高度为125ft（38.1m）。带有长凳和帆布遮雨篷的乘客轿厢环绕着塔身，并在十分钟的时间内上升或下降，同时缓慢旋转。在塔基中，一台26马力的蒸汽机为机械部分以及上千个遍布轿厢和塔身的彩灯供电。入口处的大帐篷内容纳了许多游乐设施、游戏、展览，包括电影和蜡像等。1895年左右，雷克在波多沃克（Boardwalk）

和太平洋海滨建设了两座塔。[38] 他从未就这一发明注册专利，因此其他人做了很小的改动，就将设计权夺走了。

1897年，英国人托马斯·沃尔维克（Thomas Warwick）带着新婚美国妻子以及在大不列颠建设源于雷克设计的旋转观景塔的授权访美归来。沃尔维克在一座度假小城，雅茅斯（Yarmouth）建设了第一座观景塔。经过十年的运行，以及沿岸新的游乐设施的出现，塔渐渐失去了往日风采。第一次世界大战期间实行的灯火管制措施[为防止齐柏林（Zeppelin）硬式飞艇袭击而强制执行]禁止塔在黄昏后开放，使利润大为降低。战争期间，轿厢旋转机组被破坏，其所有人

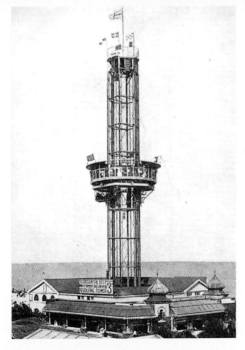

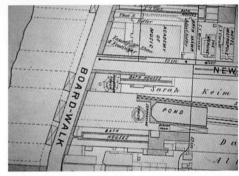

上：杰西·雷克的旋转塔，提供持续变换的亚特兰大市滨海步道及海滩视角，约1895年

右：显示有旋转塔位置的亚特兰大市海滨步道地图

左：英国雅茅斯的旋转塔，基于雷克的设计

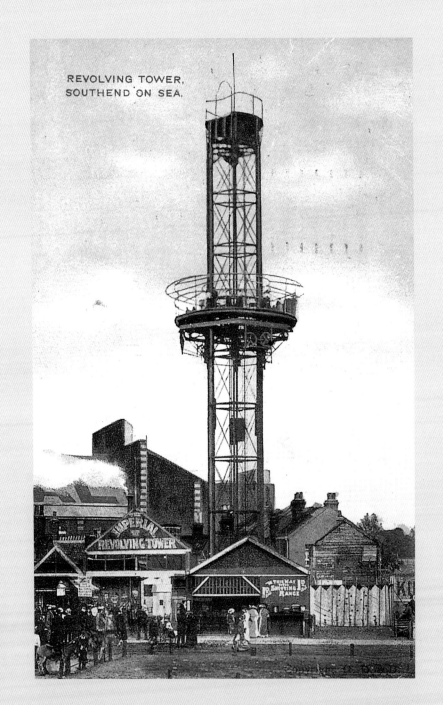

REVOLVING TOWER,
SOUTHEND ON SEA.

英格兰滨海绍森
德（Southend-
on-Sea）的旋转观
景塔，约1900年

也顾之不及。虽然在两次世界大战期间的岁月里，仍作为观景塔保持运营，但最终还是于 1941 年被拆毁，塔身金属被回收利用为战备物资。1895 ~ 1905 年间，英国海岸沿岸建造了 5 座旋转观景塔。然而雅茅斯那一座是唯一幸存 10 年以上的。

让人们可以凝眸俯视缓缓进入视野又慢慢隐去的下方景观，杰西·雷克的旋转塔显然是 70 年后即将风靡世界的旋转餐厅的先驱。和摩天轮一样，旋转观景塔也是所在地的标志物，被印在明信片上，同时也毋庸置疑地成为去海滩游玩或是散步的人们与朋友或家人约见的地标。这些塔将先前无法利用的视点转换成了可以市场化的商品。它们的缠绕线缆轮组、可以旋转的座位区、暴露的钢结构都是 19 世纪出现的机械文化的显著标志，同时也成为现代生活的普遍特点。

旋转住宅

1883 年，法国漫画家、小说家阿尔伯特·罗比达（Albert Robida）出版了未来主义插图小说三部曲里的第一部。这本名为《20 世纪》（The Twentieth Century）的小说描绘了基于 19 世纪工业和革新基础上的舒适、社会平等的未来。但在罗比达的设想中，技术进步并不完全是无私的。军方主导各种发明，土地和水体都被污染了，迫使人类只能在老城市的屋顶上生存。罗比达的作品是非凡的预言。

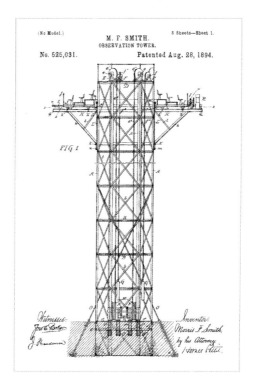

基于杰西·雷克设计的旋转塔专利；注意旋转平台和其下方用来绕平台上表面旋转的滚轮

他预言了电视、国家公园、普遍的空中旅行、飞机以及化学战等事物。

在罗比达预测的巴黎未来生活中，房屋混合了城堡和火车车厢的外观，建于现存建筑物上方，平台的旋转由下方的一个仆人通过手摇曲柄直接控制，从旋转部分底部对角伸出的尾翼和曾经在风车上的是一样的。据作者说，由于 20 世纪的绝大多数交通都由计程直升机、"空艇"（aeroyachts）等飞船型飞行器完成，它们将在屋顶层着陆，而且巴黎人口增长和污染的严重迫使新建建筑物高度更高，因而屋顶旋转住宅是极有必要的。

一位美国讽刺作家在罗比达提出他的旋转住宅不到十年之后，认为与其说它是未来的必需品，不如说是奇怪的补锅匠的突发奇想。1890 年，波士顿邮报刊载了描述由巨大发条驱动的旋转住宅的幻想故事。这座"旋转运动住宅"（"whirligigal dwelling"），像一个巨大的发条装置玩具，整天都在缓缓旋转，让有优先权的房间整天洒满阳光。然而，当设计师向一位客人展示其发明时，一声巨响后，房屋开始加速旋转。访客回忆接下来的事件情况时说："之后我意识到是巨大的主发条断开了，诸如此类，使这座平时看起来还算是理智稳重的房屋沉醉在旷野与错乱的华尔兹之中。我们越转越快，直到最终从窗户射进来的阳光看起来变成了一片稳定耀眼的光线。"[39] 故事中的发明家被描写成一个半疯癫的机械拜物教徒，他的幻想几乎被证明是致命的。

《波士顿邮报》嘲弄这一概念的同一年，一位来自纽约市布鲁克林区的工程师注册了一个防龙卷风旋转住宅专利，设计中包括他之前为平旋桥（swing bridge）研发的机械系统。达德利·布兰查德（Dudley Blanchard）的住宅设计是狭长形的，两端合拢像船头，后部附加上一个风向标。它坐落在一个中轴支点上，外圈边缘有轮，可以在地面上的圆形轨道内转动。当住宅被风暴袭击时，风力会促使其绕轴旋转，将前端最窄的部分指向风向，减少被破坏的危险。[40] 美国国内外的杂志报章提到布兰查德这一设计时，也都会轻微地揶揄一下设计了这样一座住宅的那类人。

20 世纪，这些整体旋转的旋转住宅有了另外一种类型的新伙伴，内部旋转住宅。内部旋转住宅内有一个被划分为 2 或更多部分的旋转平台，每一部分都有清晰的专属功能——通常是一个包含厨房设施，另一个是睡床、餐桌或是沙发。平台可以旋转以变换面向主起居空间的

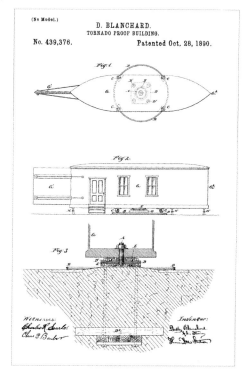

对页：巴黎屋顶上的旋转房屋，这是阿尔伯特·罗比达在《20 世纪》中刻画出来的

本页：达德利·布兰卡德 1890 年龙卷风试验建筑的专利

CEILING

ROLLERS　　　　ROLLERS

为细分房间设计的可移动隔板，出自凯瑟琳·毕奇尔和哈里特·毕奇尔·斯托1869年所著的《美国妇女的家》一书

部分，起到重新定位空间功能的作用，以满足居住者的直接需求。这种重新组织室内空间的方法有很长的历史，从传统日本住宅中的障子（shoji screen，即纸糊木框）到法式双扇玻璃门、滑动隐藏门（pocket door，滑入临近夹墙内，全部开启时可隐藏不见的滑动门）以及19世纪美国家庭中的带轮嵌板，这些活动分隔被用来按临时功能需求或是天气状况来合并、隔离、扩大、缩小或是重新编排室内空间。

设在旋转平台上的隔板在历史上也曾用于两个常常处于对立状态的空间之间。这些谨慎的装置被用来隐藏、隔离或是规范接触。在19世纪美国旅行者描述欧洲的孤儿院和女修道院的记述中，

就提到过利用古老的旋转装置，在里边的人看不到的情况下将食物或其他物品送入。1853年，著名旅行家约翰·罗斯·布朗（John Ross Browne）在描述一间西西里岛的育婴堂时写道：

"墙上有一个洞，大小足以放进一个大号包裹，内部有一个旋转机械，类似于邮局使用的投递信件的接收箱，被分为四部分，每部分都能够装下一个婴儿。没有能力或不想养育她们后代的不幸母亲们，把孩子卷成一个小包裹，在夜间带到接受箱将其放入，转动一下旋转婴儿室，然后尽快离开。"[41]

这样的设施是19世纪80年代在德国注册专利的旋转门的原型，旋转门的优点在于可以限制室内外的空气对流，隔声效果好。

旋转作为控制接触的方法被上菜转台和其他一些服务设施继承，它们使看不见仆人或奴隶的情况下将准备好的菜肴送至餐厅成为可能。托马斯·杰斐逊在蒙蒂塞洛（Monticello）的餐厅外就建有一个"旋转服务门"。一侧看起来像普通的嵌板门，中间有中轴，旋转后可以看到另一侧的架子，上边可以放置盘、碟、酒杯。这和杰斐逊在他的总统

任期内安装在白宫中的弹簧操作的设计一样。[42] 在他蒙蒂塞洛的床脚边壁龛内有一个旋转衣橱，使他可以方便地拿到储藏在狭小空间里的海量外套或马甲。他还有一个旋转书桌，是阿戈斯蒂诺·拉梅利设计的阅读桌的变体，使不重新安排工作空间就快速同时查阅几本书成为可能。

杰斐逊的高效运转住宅的目标也是 19 世纪很多社会改革者、建筑师和业余发明家的努力方向。当妇女更多地参与到创造自己的工作场所，家仆越来越少见时，各种设计和工具被开发出来，以削减家务事的体力劳动强度，使其更为合理化。这场为了满足家庭主妇们重塑厨房以及其他女性主导空间，以使其更高效，并减少运动量的运动，反映在一位女装饰品商店经营者伊丽莎白·豪威尔（Elizabeth Howell）的一项发明中。1891 年，豪威尔首次为它命名为"自动轮换餐桌"（"self waiting table"），后来被称之为"旋转台面"（Lazy Susan）的发明申请了专利。[43] 1893 年芝加哥哥伦布纪念世博会上展出了这一发明，简单的转盘组件设置在餐桌中间，或是放在餐桌上，可以载满东西，缓慢地旋转，将不同的盘子转向每个用餐者。

在整个 19 世纪末期，旋转住宅仍然只存在于幻想王国。它们被预想为未来城市生活中必然会出现的一种形式，即将到来的交通机动性革命和城市可利用空间的持续削减使其变得必要。它们是才华横溢但又带有突发奇想性质的灵感产物。关于旋转住宅的少量讨论总是弥漫着人们谨慎的警告，这样的概念与过去的建筑设计偏离太多。正像阿尔伯特·罗比达以他笔下角色之口所说："我们那些规规矩矩脚踏实地的祖先们认为是自然和合理的东西，对我们来说已不切实际。"[44] 在接下来的 20 世纪，当后来者们继续努力解决日常生活中的技术问题，探寻旋转建筑的应用和意义时，这些描述和担心又出现了。

第二章
1900 ～ 1945 年间的旋转建筑

19 世纪快速发展的技术革新影响了 20 世纪的生活。电的发明把按钮及自动化的便利和方便带进了每个家庭。[1] 与工厂和家庭劳动一样，机械化也很讲求效率。蒸汽机、机车等早期发明，都与汽车和飞机等紧密联系在一起。机械化能动性的革命注重移动性、变化性，并强调文学、艺术、工业设计和建筑等多种学科的融合。正如早期现代主义者们从汽船铁轨和甲板状的阳台中找到灵感，设计出自己的家一样，当代设计师们也触类旁通，发展出一套表达速度与运动的形式，比如，从飞机的外形中总结出空气动力学的原理，设计出流线型的办公大楼和剧院。20 世纪 20 年代，瑞士建筑师勒·柯布西耶断言"住宅就是居住的机器"，"与汽船、飞机、汽车一样，都要用讲究卫生、符合逻辑、协调完美的方式来进行建设"。[2]

对设计者来说，从电机到旋转轴承的每一个细部，旋转建筑都运用了各种最新的技术。20 世纪早期，旋转设计在车行道、城市公寓和剧院中都得到应用和发展。这些设计促使普通住户和治疗学家们调整其与外部世界的联系，为绅士们提供戏剧性的视角，为市井们提供新奇的视野。建筑理论家们和前卫的艺术家们更是象征性地运用这些旋转设计，为我们勾画出未来的蓝图。但早在 1908 年，一些评论家们就认为这些未付诸实践的设计早已过时，甚至对于这个动荡的年代而言，也不够现代。查理斯在《美国建筑师和建筑新闻》中写道：

> "我们的时代是关于汽船、铁轨、汽车和飞行器的疯狂时代。我们的世界将又回到游牧时代。不久，我们可能将会发现建筑师们为了跟上时代的需求，要去设计出能够移动的房屋，不是会转圈的房屋，而是不要道路，为现代的各种欲望提供一个纯物质、盲目的通向任何地方的空间！"[3]

旋转设计把建筑和新技术运动有机联系起来。可旋转的车库、车道和服务站使得汽车一直挂在前进挡上也可进可

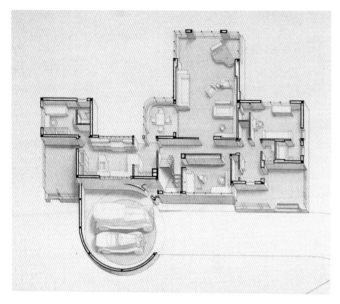

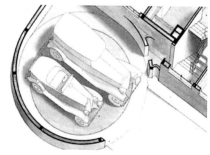

上图和右图:
1930年,诺曼·贝尔·盖迪斯为《女士之家》杂志设计的3号住宅及其旋转平台车库

汽车和家的特点,模糊了结构与机器的界线。[5] 此外,另一位有影响力的工业设计师,雷蒙德·路易威(Raymond Loewy),采用了旋转概念使他设计的服务中心周围能够快速有效地移动多辆汽车。1934年,运用他的概念设计出来的加油站完全被红、白、蓝陶瓷面板充斥着的流水线建筑包围着,只需两分钟,一群服务生就把车灌满了油、汽、水等各种所需原料。埃索公司在纽约建造了两个这样的加油服务站,就是为了在城市建成区展示这个设计师的创意。[6]

无独有偶,1930年,一个相似的概念也曾被瓦克·戈登公司(Walker-Gordon)运用到旋转产奶设备上。这种设备的诞生是源于人们希望在奶牛更多产的前提下,保证设备的高效运行。其结构能同时为10~20头奶牛挤奶,并为产出的牛奶立刻装瓶提供了足够的空间。奶牛进入缓缓旋转的支架,被清洗干净后,固定在产奶的设备上。支架一旦转动起来,机器就能挤出牛奶并完成巴氏杀菌程序,把消毒过的牛奶装瓶。在一头奶牛完成了旋转动作的同时,也完成了清洗和产奶的步骤,之后就被送回牛棚。这种装置的小型版本曾在1939年纽约世界博览会上展出,当时这台产品就安放在一个名为"明日乳制品世界"的流水线建筑物内。博览会后,这台装置被运回了瓦克·戈登公司在马萨诸塞州的

退。[4] 1930年工业设计师诺曼·贝尔·盖迪斯(Norman Bel Geddes)为《女士之家》杂志设计的3号住宅的建筑主体前方就设有一个突出的圆形车库,里面是一个可容纳两台汽车的旋转平台。玻璃与灰泥的充分结合以及弧形的转角,都把设计师对空气动力学、机械美学的理解诠释得淋漓尽致。旋转车库综合了

左：纽约埃索旋转服务中心，雷蒙德·路易威设计，约 1934 年
下：纽约埃索旋转服务中心室内；注意外边街上好奇的围观人群

WALKER-GORDON "ROTOLACTOR"

瓦克·戈登公司的旋转产奶设备，1952 年的明信片。藏于伊利诺伊州湖郡（Lake County）科学馆／克特·泰奇（Curt Teich）明信片档案馆

一个农场，在那里一直使用到 1960 年。

在诺曼·贝尔·盖迪斯设计他的 3 号房屋的同一年，他也为纽约港绘制了一系列旋转机场的图纸。他的这个设计看起来很像一个巨大的飞行器支架，在甲板的两边安放了两条跑道，航站楼的大厅顶部是一个中央齿轮。甲板相当于 7 个街区大小，浮在一系列起承重作用的浮力罐上。在甲板下方螺旋桨的带动下，甲板向齿轮方向转动，使得跑道与主导风向保持水平，为起飞和降落做好准备。[7]

和贝尔·盖迪斯和雷蒙德·路易威一样，一些旋转装置的发明者们都是专业的工业设计师、建筑师和工程师。他们有时会与其他学科的专家们一起工作，这些合作者可能是医生，也可能是舞台导演。这些杰作有的是他们为达成客户心血来潮的怪念头而设计的，有的则是出于他们自己的个人想法。但是大量的旋转装置都是那些之前完全没有设计经验的人创造的。

1890 ～ 1920 年间，是独立发明者的黄金时期。自主创业的发明者们在多个领域申请专利并开拓产品市场。紧跟科技刊物中专利发展的步伐，他们识别得出哪里是创新的活跃领域，并能从中感知商机，及时把设计投放市场。[8] 但是，报纸和杂志总是特别喜欢讽刺他们，使得公众对这些经常在地下工作室里埋头苦干至深夜的发明家们的印象，要么是天

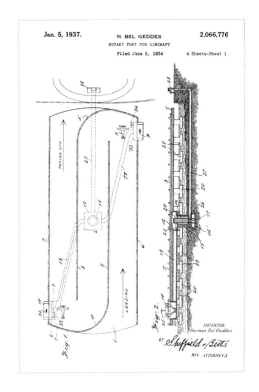

诺曼·贝尔·盖迪斯的旋转机场专利申请图纸，1934 年

才的梦想家，要么是脾气古怪的异类。[9] 其实，他们就是希望改变住宅传统概念并进行创新的设计者。

旋转剧院

在 20 世纪初期，现代旋转舞台就已经在欧洲和美国的一些剧院开始使用了。卡尔·劳滕施莱格（Karl Lautenschläger）在不同的内陆城市建造了四座永久旋转舞台。据一名评论员的记载，"这是让整个欧洲都为之疯狂的装置"。[10] 当时还有另外一位著名的

上：1904 年，伦敦体育馆内被设计为与参赛者跑步速度一样的旋转跑道
中：伦敦体育馆旋转跑道复杂的控制面板。约 1920 年拍摄
下：伦敦体育馆旋转跑道下方的发动机、轨道和钢结构。约1920 年拍摄

舞台设计者，麦克斯·莱因哈特（Max Reinhardt）一直致力于为西方剧院设计注入新的活力，其中的一部分就是通过旋转舞台来实现的。

莱因哈特的作品多是把灯光、服装设计、布景、舞台形式和表演风格等元素有机结合起来展示，盛大而华丽。成为柏林一家德国剧院的经理后，莱因哈特又建造了一座旋转舞台，具有快速变换布景和制造夸张舞台效果的双重功能。以前西方剧院的旋转舞台通常是在幕后操控的，莱因哈特的设计则是以直接控制舞台的旋转而闻名。1905 年，他设计的《仲夏夜之梦》的舞台，由描绘法庭和森林两个不同的场景混合在一起，促使了表演形式的创新，同时也为观众带来全新的视觉体验。[11] 伦敦体育馆内的旋转跑道也采用了相同的设计概念，产生了一种特殊的观看效果。观众们既能以固定的全局视角看到所有运动员奔跑的全过程，又能把视线停留在前场以移动的视角捕捉具体某个运动员的身影和脚步。

在美国，第一个永久性的旋转舞台可能要数在加州奥克兰的"耶！自由"剧场（Ye Liberty Playhouse）。它建于1903 年，设计者是哈里·比绍（Harry Bishop）。据说他是去日本的时候，看到旋转的歌舞伎表演舞台而受到了启发。这个旋转的转台直径75ft（约 22.86m），在脚轮上转动，大得足以放下一辆消防车或者是一辆满载的干草车。舞台工作人员需要推动舞台边缘固定的柱子，以转动这个大转盘。据当时开幕式的海报介绍，这个舞台可以快速转换布景，并且可以营造出"迄今都无法超越的大尺度实景场面"。[12]

　　在之后的几十年间，包括皮埃尔·阿尔伯特（Pierre Albert-Birot）、奥斯卡·施奈特（Oskar Strnad）和瓦尔特·格罗皮乌斯（Walter Gropius）等在内的建筑师、舞台设计者和评论家们都在计划重构旋转舞台，以扩展表演空间的内涵。像施奈特在他一些设计中，用环形的舞台把观众包围起来，并在其周围旋转。还有扎戈蒙德·唐娜提（Zygmund Tonecki）和西蒙·希尔卡斯（Szymon Syrkus）1929 年设计的未来剧场（Theater of the Future）带有指环状的舞台和圆形的平台，可以在演出期间独立地转动和升降。可惜，这类实验性舞台没有一座能被付诸实践。[13]

旋转的疗养建筑物

　　在 1903 年，法国著名建筑师 M·尤金·佩蒂特（M.Eugéne Pettit）与吕西安·佩莱格里尼（Lucien Pellegrin）医生合作，在巴黎的住宅博览会上展出了他们的作品"向阳别墅"（heliotropic house）。这个展品是以法国南部建成的一栋名为"佩蒂特旅游别墅"（Villa

Tournesol Pettit）为原型制作的模型。这个作品的设计是源于吕西安医生的一个理念，即坚信阳光是治愈疾病的良药。这样的建筑物也被称为"家庭疗养院"（Famil Sanatorium），设计上基本都是十字形平面、墙上开大窗，以便阳光照进室内。房屋被安放在一个旋转滚珠轴承的平面轨道上，以控制阳光可以在一天内的不同时间进入不同的房间。[14] 这种设计可以随着阳光每小时的移动规律让房屋也相应地旋转一定的角度。如果是大一点的房屋，主人则可以选择加装一个汽油引擎，

佩蒂特和佩莱格里尼的"向阳别墅"，1903 年

让它每天转动一圈。

当这个设计在美国公开后，一名纽约公共健康专员对其可行性表示怀疑，他提到："毋庸置疑，假如房屋真的可以转动，那这个设计就是可取的。阳光确实能杀死细菌，紫外线是最好的消毒剂。"而且，"阳光的光线是最有效地传递欢乐的媒介，也是最廉价的药物。而旋转房屋，要在日出到日落的时间内都朝向阳光照射的地方，将需付出高昂的代价。但对那些能够付得起这种奢侈享受的人来说，也确实算得上物有所值。"[15]

一直以来，阳光都在健康和医药的领域扮演着举足轻重的角色。在19世纪，人们发现日光浴能够有效治疗维生素D缺乏症和佝偻病。由此发明了让病人置身于阳光之下，接受太阳辐射以治疗疾病的日光疗法。在19世纪末20世纪初，这种疗法对精神失常、呼吸系统疾病、贫血、霍奇金淋巴瘤、腐败症、梅毒以及皮肤、骨头和关节的结核症等疾病都有一定的疗效。欧洲是日光疗法研究和实验的中心，专家们在瑞士阿尔卑斯山、德国、法国等地都设有这类诊所。

治疗肺结核和肺炎的标准药方之一就是定期提供清新空气。医生们会为病患安排一定的时间置身于阳光和空气之中。建筑师、医生和科学家们为疗养院设计了平台和配以大型可操控窗户的房间，使病患更好地享受阳光和空气。虽然M·尤金·佩蒂特与吕西安·佩莱格里尼在博览会上展出的别墅在当时似乎有点超前，但是和10年后一名法国医生设计的房屋相比，就小巫见大巫了。

这名法国医生叫简·赛文（Jean Saidman），出生于罗马尼亚，少年时期移民到法国。他学习医药学，后来成为早期放射线学领域的专家。放射线学是一门探索射线的化学疗效的科学。在20世纪20年代，他进行了广泛的医学实践，是一名深得法国人认可的医生。1929年，在建筑师安德烈·法得（Andre Farde）的帮助下，赛文设计了一款新型的日光浴装置，提高了当时紫外线的处理能力，并申请了专利。次年，不同于史上所有建筑物的第一座日光浴室，就在法国温泉社区艾克斯莱班（Aix-les-Bains）投入使用。[16]

这款设计的底层是体检室和候诊室，陡峭的锥状屋顶由菱形的图案覆盖着。钢筋混凝土的基座内部，有一部电梯和一部螺旋楼梯，它们把地面层与上部的旋转平台联系起来。地下室内有一部电机，用来驱动上方重达八吨的不锈钢平台。平台的中央建有一个监测控制室，从中心向两边各延伸出四个玻璃做的治疗室。在他的专利文案中，赛文解释到把治疗室提到高空中，目的是为了避开树木的遮挡，获得更好的通风效果。

每个治疗室都有一张可调节的床，后

位于法国艾克斯莱班，简·赛文设计建造的旋转日光浴室，注意最左侧房间内的玻璃反射屏。约 1935 年

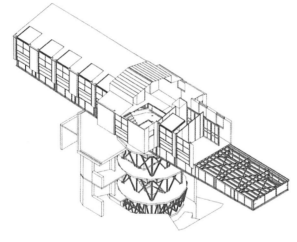

方还有一个小型更衣室。床与一个带有玻璃反射屏幕的机械化装置相连，这种屏幕的材质是氧化镍和氧化钴，可以锁定固定的波长，而且焦距和灯光也可以作出相应的调节，以聚光在病人身上。视乎疾病和治疗的方法，调焦面板和床都可以调整，使得阳光直射病人身体的某个部位。旋转意味着所有的治疗室全天候都能沐浴在阳光的照耀之中。赛文的团队使用这个日光浴装置来治疗患有风湿病、皮肤病、肺结核、佝偻病和癌症的病患。[17]

1934 年，赛文在法国瓦洛里斯（Vallauris）建立了一所研究院（Institut Héliothérapique）。这所研究院除了一个由建筑师皮埃尔·苏奇（Pierre Souzy）设计的大型综合医院外，还有一个日光浴室，这是在艾克斯莱班温泉社区后的又一成功典范。同年,在印度兰古吉拉特邦(Gujarat)的贾姆讷格尔，赛文监督了第三个旋转日光浴设备的建造。这台设备是兰吉特聚射频治疗研究院（Ranjit Institute of Poly-Radio Therapy）的一部分，兰吉特聚射频治疗研究院以它创建者的名字，Maharajah Jam Ranjitsinhji 命名。贾姆讷格尔和瓦洛里斯的日光浴设备都是由两层八角形的底座和一个封闭的屋顶气象台组成的。虽然赛文在最初申请的专利中，只有顶端的平台可以旋转，但是之后发展出来的两款产品都比原来的设计更为复杂，上层的旋转平台与通往地下室的旋转楼梯间相连接，它们都置于地下室内由电机驱动的滚轴上。

　　这栋建筑是高科技与自然疗法的有趣结合。主要的治疗药物就是阳光的照射，还有使用 x 射线、镭疗法及红外线的设备。这些设备堪称世界一流。这种高科技和自然低成本的双重特点的运用在赛文最初的设计意图中也是很明显的，既保留了传统居住的最基本形式，又平衡了那个巨大的不锈钢和玻璃的螺旋底座。

　　其实，赛文的设计是对这类型产品的潜在需求所作出的一种反应。21 世纪初，很多类似的疗养建筑都纷纷投入使用。房屋所有者对自己现有的房屋进行改建，有的把门廊改建成可以睡觉的帐篷，有的在平顶屋顶上加建小屋。若家中有人咳嗽厉害，就用这些帐篷和小屋把他们与主屋进行隔离。使用可移动或滑动的窗扇、法式落地玻璃门、帆布窗帘或屏风等元素，建筑物能在不同的天气内进行调节，很好地平衡对空气和阳光的需求。既能享受到新鲜空气和阳光，又能避免凛冽的寒风和雨雪天气。这些帐篷和小屋为了通风，都依地上的立桩而建，因此给它们加上转盘，使它们获得可以旋转的优点是很容易的。在世纪之交，很多可旋转的小型露营装置也是根据英国和欧洲大陆的医院和疗养院的形式来进行设计的。

　　英格兰诺里奇郡的克林职工疗养院（Kelling Sanatorium for Working

对页上：印度贾姆讷格尔的旋转日光浴室
中：贾姆讷格尔日光浴室断面图，显示出钢结构和旋转的核心筒
下：贾姆讷格尔日光浴室地下室内的发动机和链条传动设备

本页上：苏格兰爱丁堡市立传染病医院固定病房旁的结核病疗养小屋，1909 年
下：苏格兰爱丁堡市立传染病医院的旋转结核病疗养小屋近景，1909 年

上：英格兰肯特郡乔恩·劳伦斯（Jon Lawrence）花园里的20世纪早期旋转小屋。约拍摄于2003年

左：刊于1912年英国结核病杂志上的波顿和保罗公司旋转小屋广告

右：霍森公司出品的预制旋转木屋，约拍摄于1910年

Men)，疗养院里至少有 12 间旋转木结构小屋，每个小屋都有一或两张床，一个柜子和一个马桶。每个木屋对着这些家具的前方基本上是完全开敞的，但由于这些木屋可以在环形铁轨上旋转，躲开冷风朝向阳光，因此一般人觉得过于通风和阴凉的开敞病房恰恰是病人们喜欢的。[18] 英国的其他医院也都在使用旋转疗养木屋，包括苏格兰的爱丁堡市立医院和爱丁堡阿斯特利安斯利医院（Astley Ainslie Hospital）。在欧洲，瑞士达沃斯的两位著名医生卡尔·特本（Karl Turban）和汉斯·菲利皮（Hans Philippi），在设计和布置旋转房屋时也使用了他们独有的日光浴设备。

一些个人也开始在私人住所（通常是在花园里）使用疗养小屋来隔离那些染病的亲人们。1926 年，英国作家卡斯莫·汉米尔顿（Cosmo Hamilton）的小说《自白书》中，其中一个角色对病人是这样表达他的关心的，"那个可怜的剑桥年轻人，住在史密斯牧场的帐篷里，濒死在肺结核的边缘，在咳嗽的间隙还谱写着希腊诗文，每每我听到他的咳嗽声就心痛不已。我特意写信到伦敦订购了一间大旋转通风屋，并得到平克宁先生（Mr.Pickering）的允许，建在树林边上。那是一个多么优雅诙谐的男孩啊，他是那么的温和以及充满了希望。"[19]

通过这段描写，我们知道了这种通风屋运送方便，可以在全国范围内订购和运送。还有一些通风屋是专门为客户定制的，就像克林职工疗养院的旋转疗养木屋。英国的一些制造商，包括波顿和保罗公司（Boulton & Paul），乔治·冯·斯特劳森（G.F.Strawson）等公司也生产类似的预制旋转小屋，出售给机构或者个人。[20] 根据瑞士阿尔卑斯山最受欢迎的温泉会所反映，这些小屋在形式上通常是前面带个小门廊，配有扇形的屋檐。小屋的各种部件，如窗扇、五金配件、预制木料、面板等会被打包装箱，用火车或卡车运送给那些业余建造者们。

在美国，有一家公司可以专门为肺结核治疗提供旋转木屋。那就是在马萨诸塞州多佛尔（Dover）的霍森公司（E.F.Hodgson & Company），这间公司制造各种不同的预制产品，包括全尺寸的房屋、车库、剧场、小马厩、沙箱和禽舍。这些都是可旋转的产品，主要部件都是轻型木构件，通过螺栓就可以进行简单组合。成品旋转屋基本上只有 7ft（约 2.134m）见方，前方可以完全敞开，后面有个窗户，整个空间能刚好放下一张床和一个床头柜或者一把椅子。敞开的前方可以用可伸缩的帆布来调节开合程度。房屋整体立在五个滚轮上，旋转链条传力装置上的曲柄，就可以旋转房屋。[21]

从霍森公司产品目录上的说明可以看出旋转木屋是由他们的早期产品，阳

大文豪萧伯纳的旋转写作间

光花房改良而来的。因为原来的花房都由板式预制建筑构件组成,他们只需要替换一下原来的花房入口,然后把花房装在旋转平台上,就能生产出新的产品去满足新的市场需求。霍森公司在一些书和期刊上宣传这款能用于肺结核治疗的旋转木屋,同时也继续在其他大众杂志上给花房做广告。

旋转夏日度假屋

霍森公司的产品为大家提供了一些启示:旋转疗养小屋可以适用于其他的很多需求,如老年人度假屋、欧洲园林里用于装饰的亭子、茶室或者花房等。在主人或者客人在正厅里聚会或者聊天时,这些小屋能给其他人提供一个停留的地方,又或者是为在花园里闲逛游览时提供一个歇脚的地方。以前,那些固定或者旋转的花房满足了当时一些怪人、艺术家和有钱人希望与世隔绝,免于打扰的需求,同样地,在 20 世纪,这些小屋也满足了室外体育活动、日光浴等需求。

在 20 世纪前 50 年里,这些构筑物在欧洲和美洲都十分流行。1911 年,富有的百货公司巨头利未·莱特(Levi Leiter)的遗孀,玛丽·莱特(Mary Leiter)在马萨诸塞州的贝弗利(Beverly)设计了一所奢侈的夏日度假屋。[22] 这处房产位于马萨诸塞湾的一个小山坡上,离主屋约 50ft(15.24m)。[23] 正方形的平

面,木制的窗框,三面都是玻璃墙,另外一面是入口。[24] 地面铺的是进口的地毯,家具包括舒适的躺椅和精巧的桌子。屋子上方是粗切的木横梁支起的外饰树皮的坡屋顶。

轻轻触碰按钮,连接着电机的钢质旋转平台开始转动,房客就可以在清凉的海风和阳光的照耀两种享受间进行转换。据说这种转换十分安静,"悄无声息,就像在一群精灵的命令下完成的"。[25] 这样的度假屋对玛丽·莱特来说,就是个独特好玩的玩意儿,她总是拿它来娱乐访客们,这是一座让她可以逃离喧嚣的夏宫。当时一家报纸写道:"这件新奇玩意的修建花费巨资,只为了给莱特女士和她的客人在贝弗利逗留时使用,要在众多的奢侈品中找一件能盖过它的风头,实在是很困难。"[26]

旋转夏日度假屋似乎为作家和学者们所大力推崇,因为这些人不喜欢被打扰,喜欢在自己的小天地里创作。英国医生和社会改革家哈夫洛克·埃利斯(Havelock Ellis)和心理学的领军人物阿瑟·雷克斯·奈特教授(Arthur Rex Knight),都曾在他们的旋转夏日度假屋中撰写过重要的作品。在英国赫特福德郡(Hertfordshire),爱尔兰剧作家乔治·萧伯纳(George Bernard Shaw)花钱为他的妻子买了一个旋转木屋,安装在自家的后院,命名为萧伯纳之角

保罗·克里（Paul Klee）1921 年的画作《旋转房屋》（Casa Giratoria），展现了一栋与先锋派建筑师在两次大战间的年代里所提出的、旋转房屋的多层面视角

（Shaw's Corner）。这个预制的房屋就是一个非常简单的小屋，单坡屋顶前高后低，门的两边有两扇窗户。萧伯纳对这座小屋进行了改造，加上了电灯、暖器和电话。据他的园丁弗雷德·德鲁(Fred Drury）说，剧作家是要离开自家住宅一定距离，寻找一处庇护所，体验那种斯巴达式的孤独。躲在里面，他谱写出了最有名的戏剧《人与超人》(Man and Superman) 和《卖花女》(Pygmalion)❶，写作过程中，他总是因过分专注而听不见吃饭的铃声，因此总是让他的助手提醒他回屋吃饭。[27]

旋转建筑物与先锋派艺术

当发明家和能工巧匠们视他们的旋转设计是理性的工程，可以调节光线、

------

❶ 《人与超人》写于 1905 年，反映了萧伯纳惯用的刻薄讽刺的浪漫写法，男人是精神文明，而女人是生物意义上的生命，这种差异性导致了性别之间的冲突。《卖花女》是萧伯纳的一部喜剧作品，于 1939 年获得奥斯卡（美国电影学院奖）最佳编剧奖，译者注。

争取更多的空间以及改变视角时，其他人则把这种旋转设计解释为一种新的艺术、政治和哲学观点。在 20 世纪初的欧洲，那是一种特别流行的趋势，那个时候，艺术革命的浪潮席卷整个欧洲大陆，涉及的领域包括绘画、图形设计、文学和建筑。旋转结构反映了人们对未来移动性的希望。旋转建筑的出现推翻了传统建筑不可移动的固有观念，成为新旧建筑的分界点。他们宣称对建筑与机械的忠诚，也表达了技术与进步的现代主义信仰。

20 世纪的第一个十年，表现主义建筑（Expressionist architecture）发端于德国和其他中欧国家。表现主义没有严格的定义或者明确的连续性，却包含了广泛的形式，其共同特点是可塑性强，与传统四平八稳的建筑设计决然不同。布鲁诺·陶特（Bruno Taut）、埃里希·门德尔松（Erich Mendelsohn）和其他表现主义建筑师一起，通过"光动能"（"light-kinetic principles"）的应用，成功地超越了空间界限，使建筑获得了时间性和移动性。一些设计以生物的图案为特征，也有一些从地质构造形式中获取灵感。这些建筑的最终形式通常是不拘一格、高度自由，同时强调情感、感知、体验、运动，富有象征性意义。1920 ～ 1921 年，门德尔松在德国波茨坦修建的爱因斯坦塔（Einstein Tower）是最有名的表现主义代表作。以一个实

验室和观象台来表达爱因斯坦的相对论，白色的弯曲外表看起来好像是久经风雨而被磨得十分圆滑。

在一战期间和战后的一段时期，德国旧有的政治体系被打破，表现主义在这动荡的时期脱颖而出。接踵而来的战争和经济危机，意味着建设的停滞和佣金的减少，导致了表现主义建筑大多只停留在草图阶段和理论层面。由于不是为了建造而设计，表现主义建筑得以从功能需求、建筑预算、场地和材料的束缚中解放出来。

尽管图纸和文字描述的各种表现主义建筑设计，没有一个真正修建了起来，但几乎他们的每一个设计又都在追求旋转的效果。1920 年，马克思·陶特（Max Taut）设计了一栋旋转建筑，刊登在他兄弟布鲁诺·陶特的杂志《黎明》（德文"Früblicht"）[28] 上。这栋旋转建筑是应一位曼德拉先生（Mr.Mendthal）的邀请而设计的，他希望这栋建筑能让他在柯尼斯堡（Königsberg）的沙丘上俯瞰整个波罗的海。从草图上看，这个设计的平面是圆柱形的，外围的曲面由玻璃幕墙包裹着。带有一排天窗的屋顶把玻璃幕墙和锥体内核连接在一起。首层和锥体内核的玻璃墙外侧都有带栏杆的阳台。这个建筑采用旋转设计，部分是因为场地本身的制约，但最主要的还是出于哲学思考。为了突出建筑旋转的活力，

《黎明》杂志上刊登的马克思·陶特设计的旋转住宅。1920 年

陶特的设计还配以文字描述，解释房屋是如何从中心向外旋转的。

旋转房屋的釉面墙、向上的屋顶集中反映了许多表现主义建筑所采用的一个主题，那就是晶体形式。1920 年，表现主义者卡尔·克莱林（Carl Krayl）设计出一些呈悬挂和摆动之态的建筑，其中有一栋叫"星之晶体"住宅，矗立在悬崖的一侧，呈晶体状，还有闪闪发光的窗格和曲折的立面。在克莱林和陶特的晶体设计概念中，即使房屋是静止不动的，仍流露出强烈的动态。[29]

与表现主义一样,结构主义（constructivist）建筑对苏联而言，也是一场独特的新建筑运动。受到结构主义艺术的影响，这种建筑流派有着文化上的权威性。同样地，在政治上，由于 1917 年俄国革命后，新政府要摈弃过去一切与帝国主义相关的传统形式，树立代表新社

弗拉迪米尔·塔
特林设计的第
三国际纪念塔模
型，约1920年

会和政权的新形式，结构主义建筑形式
也受到政府的支持。与表现主义在德国的
情形一样，结构主义设计师们兴致勃勃地
投入工作，但是由于当时实际建设资源的
匮乏，许多设计也都只是乌托邦的幻想。
在设计上，这些作品大多使用工业元素，
如暴露结构的框架、交叉的支撑和张拉索
等，用钢筋混凝土和玻璃塑造出抽象的建
筑形式。结构主义建筑反映了与当代造型
艺术潮流间千丝万缕的联系，有时还融
合了那些暗含在许多设计中、将运动感
带入日常生活的动态元素。

　　结构主义最著名的建筑是建于 1919
年的弗拉迪米尔·塔特林（Vladimir
Tatlin）设计的第三国际纪念塔。这原本
是为新共产主义政府设计的总部，象征着
工业进步、社会活力以及政府透明，这些
寓意都是新政权本身希望展现给世人的特
点。但这项工程却仅停留在草图阶段，只
在阅兵仪式和展览会上展出过它的模型。

　　就像是埃菲尔铁塔和过山车的结合
产物一样，这个纪念塔由开放的钢铁框
架组成，从宽大的底座向上旋转成为一个
尖顶。这个框架支撑着三面独立的玻璃幕
墙体块，意味着各种立法和行政功能相互
协调。每个体块都赋予了不同的几何形状，
且以不同的速度进行旋转。最下面的方形
体块以自身为轴每年转动一次，中间的锥
体每月转动一次，而最上面的圆柱形体块
则每天转动一次。由上至下，这个建筑

整体高约 1300ft（396.24m）。[30]

　　这座第三国际纪念塔更像一座雕塑，
而不是一栋建筑。在持续的社会经济动
荡的年代，从来没有人真正考虑过修建
这个塔将面临的实际问题。尽管如此，
这个设计还是充分地证明了新政权的乐
观和生命力。即便没有旋转的装置，这
个结构本身也散发着活力与能量。就像
陶特设计的房屋，即便在静止的时候也
能感受到房子的转动。那些伸展盘绕的
钢格构和旋转的内部构件鲜明地表现了
工业与技术间的联系，作为现代化的标
志，得到了布尔什维克政府的褒奖。塔
特林的这个纪念塔是机械化的圣殿，通
过这个塔，苏联这个充满活力的新生国
家的远大抱负得以体现。

　　陶特、塔特林以及其他类似的设计
都是艺术潮流先锋们营造的乌托邦。旋
转其实是一种象征，建筑师们对于如何
实现建筑物的转动却似乎并不真正感兴
趣。20 世纪前叶，欧洲和美国大量的设
计师们都踊跃设计全年都可居住的全尺
寸旋转住宅，出于实用需求，在技术上
也可以达到旋转的要求。

新型旋转住宅

　　对于这一时期的许多欧洲和美国设
计师来说，全新居住建筑类型的时代已
经到来。因为，机械设备和材料性能的
发展使旋转住宅和公寓即将实现；在医

上：巴斯特·基顿正奋力想让他的住宅停止转动，1920 年电影《一星期》剧照

下：亨利·福特和朋友们（包括托马斯·爱迪生和哈定总统）野营时在带转盘的餐桌前用餐。1921 年

药学和科学方面，似乎也有充分证据证明了旋转结构的好处；发明和技术是进步的发动机，这一信条被广为流传。但是即便有专家的号召和创新气候的影响，20 世纪前叶大多数旋转住宅设计也都停留在绘图板上或止步于专利局。

旋转住宅设计方案的提出总是伴随着好奇与嘲笑。关于它的报道，新闻和杂志总是用一两段冠以"信不信由你"的文字来填补版面。这种做法实在是耐人寻味。可是，作者的旁注和评论虽然力求幽默，却分明流露出对房屋转动这一做法的不安。其中有篇文章提到 1924 年的一栋德国旋转住宅设计时写道："对于如此具有革命性的建筑理念将会多么的流行，我们还无从得知。对那些忘记了按控制钮就迈出平台的人的命运，也从未见诸新闻报道——也许因为那实在是太耸人听闻。"[31]

对于旋转房屋的种种复杂情感，归根结底可能还是因为旋转房屋颠覆了房屋稳固、安全的传统观念。1920 年巴斯特·基顿（Buster Keaton）自导自演的电影《一星期》（One Week）就是一部关于对当时流行房屋普遍看法的闹剧。当时的认识就是，墙应该是垂直的，水槽应该在厨房里面，更重要的是，房屋就应该固定于地基上。基顿的电影讲述了一对新婚夫妇收到的结婚礼物是一套组装住宅，是用盒子装着的散装板条组件。但一个被女主角抛弃的追求者怀恨在心，偷偷地替换了那些组件。最后组装出来的住宅跟说明书上的成品图示风马牛不相及。在他们正在重新组装的时候，一场大风暴把房子吹得像纺织机一样旋转起来，把里面的人沿着内墙甩出窗外。一个幸存者跑了出来，说："我在你的旋转木马上待了一下午，要是你把那个马头装上就好了。"[32]

不管旋转房屋是实际上可以建造，却没有建造起来，还是根本就是不切实际的荒诞想法，这个时期的设计都能归到以下两类中去：要么是在结构内部旋转，要么是结构本身在转。在美国，旋转房屋是世纪初讲求效率的产物，也是美国城市人口增长的产物。弗雷德里克·温斯洛·泰勒（Frederick Winslow Taylor）和亨利·福特（Henry Ford）提出工业化大规模生产的概念，也就是，在最短时间内用最少的能源和原料，获取最大的工作量。这种工业化的科学管理信条也被运用到家庭内部空间和人们的活动当中去。美国的家庭成为以杜绝浪费和家务劳动系统化为宗旨的、技术合理化创新运动试验室。"家庭主妇"摇身一变成了"家庭工程师"。正如克里丝汀·弗雷德里克（Christine Frederick）1915年出版的书《家居工程学》（Household Engineering），当时的一些出版物都提倡省空间、省时间、省体力的做家务方法、辅助设施及平面布局，特别提到这些理念的运用在厨房中尤为明显。[33]同时，所有城市都经历着一次空前的人口增长浪潮，导致城市里每套公寓面积的骤减，以及每套公寓里房间数量的减少。总之，空间变得越来越有价值。

内部旋转住宅

在效率浪潮的顶峰时期，一些大胆的设计师们把居住空间的内部设计得更符合功能和时代需求。为了最大限度地利用有限的基底面积，他们指出传统居室的缺点是给房间指定了特定的功能，有些房间只是在一天内较短暂的时段内使用，其他时间里都用不上，本质上是一种浪费。在小房子里，餐桌和床在不用的时候都是在白占地方。

折叠家具（foldaway furniture），起源于 19 世纪北欧的斯堪的纳维亚，广泛应用于 20 世纪早期。门—床（"door bed"）折叠设计的出现使得房间在白天可以当客厅，晚上可以当卧室。这个设计是由威廉·L·墨菲（William L.Murphy）发明的。他在旧金山的公寓很小，因苦于没有娱乐的空间，他就发明了这种新型的折叠床。1911 年，他开始申请专利，并且启动了"消失的床"（"disappearing bed"）和"墙内床"（"wall beds"）的生产流水线。他的公司是如此的成功，以至于他的名字成为现在所有折叠床的通用商标。[34]与此同时，也有其他一些制造商提供折叠餐桌和早餐桌，折叠熨衣板，穿鞋或清理鞋时坐的可折叠脚凳。所有这些家具都可以让一个有限的空间容纳多种活动。在美国，旋转设计让这些发明前进了好几步，对整个房间室内空间进行重新设计，取消了走廊这一最浪费和死板的空间。居住者将不再需要从一个房间走到另一个房间，而是把房间带到他们面前。可是，这个时期的很多居室旋转设计都不像墨菲床和折叠早餐桌那样能够成功地付诸实施。

1914 年洛杉矶人厄尔·泰特（Earl

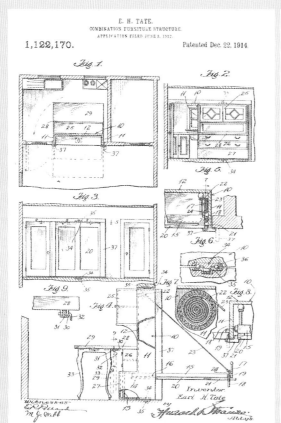

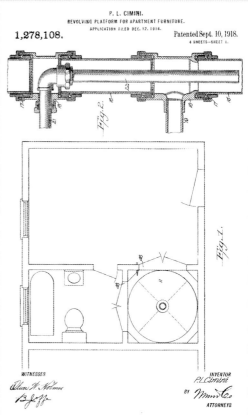

左：厄尔·泰特为一个室内带有床/餐台混合墙板
所申请的专利
右：帕斯夸里·奇米尼的内部旋转住宅专利，图中
公寓内有旋转平台设备

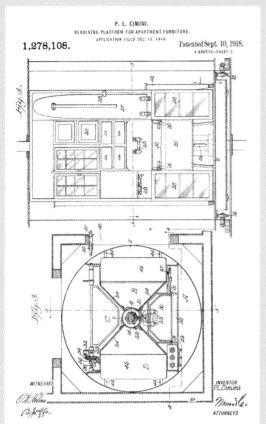

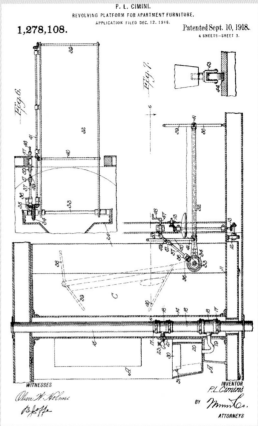

左：帕斯夸里·奇米尼内部旋转住宅专利中的旋转平台布置图，以及厨房部分的立面图

右：帕斯夸里·奇米尼内部旋转住宅专利中的可折叠睡床示意图

Tate）申请了一个专利，一个简单的旋转装置分成两部分，一部分是床，另外一部分是桌子、餐具台和餐具柜。[35] 如果不希望某些功能同时在同一个房间出现，这装置就可以作为两个房间的分隔，一个房间是接待室、卧室或者餐厅，而另一个房间则作为厨房、备餐间或储物间。[36]

四年后，纽约布鲁克林的帕斯夸里·奇米尼（Pasquale Cimini）为一个抱负不凡的设计申请了专利，这是一个集化妆台、床、衣橱、厨房四位一体的可旋转家具组合。[37] 厨房部分配有一个洗盆和炉灶，为安装固定带来一定的难度。为了解决这个问题，发明者使用了一套近似于之前提到的旋转监狱里使用的系统。一根中央立管上有滚珠轴承，上面旋转的接头与建筑物里固定的水龙头和排水管相连，那是关于水传送的系统。不用说，这个专利就是关于如何把煤气传送到炉灶中去。与陶特的设计一样，奇米尼也试图在地板构造里安装槽式轴承，用于支撑整个转动装置。

以上的两个设计都是由弹簧、弹簧锁、齿轮、电缆、重装置、万向轮、铰链等复杂地组合而成，转盘上的家具装置伸出去时可以使用，缩回去时装置整体就可以旋转。在静止的时候，室内看起来就是一个传统的房间，完全不显山露水。实际上，隐藏在内部的旋转空间和装置却有着无穷的魅力。隐藏起来的部分有点像侦探小说里常出现的机关，就好像一个旋转书柜可以通向一条秘密的通道；也有点像詹姆斯·邦德的法宝，可以轻拍控制杆或用一个曲柄轴把一个房间变成四个房间。在旋转设计的历史中，这促使了按钮技术成为快速重塑环境的手段之一，并一直沿用至今。

室内旋转居室的发展并不局限在美国。1924 年，一座德国公寓单元内，平面中有一个旋转平台，被分为三部分，可以旋转使用。[38] 其背景是第一次世界大战后德国国内出现的房屋紧缺危机，这款设计被看作是解决这一难题行之有效的方法。据当时的报章报道，那是受几十年前的德国旋转舞台的启发而作出的设计。和美国的内部旋转设计一样，这间公寓由一个房间和它角落里的旋转平台组成。然而，与之不同的，是德国版的转盘很大，可旋转面面积相当可观。转盘的三分之一是起居室，配以无背长沙发和三角钢琴，一部分配以餐桌作为餐厅，还有一部分空间里有床、梳妆台以及其他卧室家具。当这款设计在美国公布时，一本流行的青年杂志对此嗤之以鼻，称"住在像一块派似的房间里，并不能引起我们特别的兴趣。'火车包间住宅'可能是这个新的建筑悲催之作的最好名字。"[39]

同样地，公众的反应也不佳，总之，这个设计概念在当时并没有流行起来。内部旋转房屋所反映的是人际关系间的挑战，在居住历史上可能是独一无二的。这种设计概念可能很适合一个人独居的需求，但是当多人共同居住时，设计就完全站不住脚了。因为一个空间同时被多人共享，而这个空间里在一定时间内只可以有效地进行一种活动。这些专利和新闻报道都没有提到如果一个人希望把房间用作卧室时，而另一个人则希望把房间当作餐厅在里面吃饭的话会怎么样。另外，内部旋转房屋失败的部分原因可以归结为科学技术的限制。要把水槽、炉灶、厕所、电插头等都安装在一个可以旋转的平台上虽然可行，但却不是件简单、容易的事情。如果没有这些设施，旋转房屋的优点将大打折扣，但是要加上这些设施，那将是一项复杂和昂贵的工程。想一想要长期维护这些满是滚珠轴承、发动机、齿轮和可伸缩家具的系统就会头疼，这必然会影响原来的设计概念的吸引力。

外部旋转住宅

　　内部旋转住宅关注内部的空间质量和效率，而外部旋转住宅则希望在住客与外部世界间寻找平衡点。在 20 世纪前叶，让整栋房屋旋转基于以下两种原因：其一，由于健康和舒适的要求，需要控制房屋的位置随阳光和风的方向转动，这样人们就可以全天候地控制和调整房屋在某个特定时间接收阳光和风的强

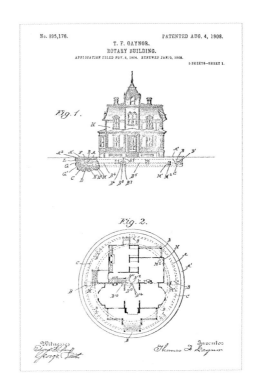

托马斯·盖诺的旋转住宅专利图纸，1908 年

度；其二，可以延展居住者的视野范围，使其可能性最大化。原来住宅中的任意一扇窗户终其一生都只能从中看到固定的景象，而旋转房屋打破了这种只能有固定视野的旧局面。很多时候，我们还可以在一些引人注目的场地上修建旋转房屋，从而提高景观的文化和经济价值。

　　20 世纪最早的外部旋转住宅设计是 1908 年托马斯·盖诺（Thomas Gaynor）设计的。这栋建筑申请了专利，但显然并未被建成过。外表看来，它跟传统固定式住宅完全没什么两样。这是一件现代主义对传统建筑形式发起挑战

之前设计的作品，盖诺可能是故意采用一种不出格的建筑外观来赢取那些相对保守的人们的欢心。之后，外部旋转住宅的设计者们为住宅的外观融入了更多的元素和特征，如暗示着建筑移动能力的元素，充分发挥了移动性的特点。

正如内部旋转住宅设计一样，这个时期的外部旋转住宅设计者也比建造者更常见。当报纸和杂志撰文报道那些本来要建却最终未能如愿的建筑时，都是由那些执业建筑师执笔，加上小编们业余的观点。这些建筑师包括 1932 年设计过旋转建筑的意大利建筑师皮埃尔·路易吉·奈尔维（Pier Luigi Nervi）。这些设计经常流露出一种情绪，就是想要把那些人专业上的成功和他们的能力与建筑联系起来。就好像，1908 年曼哈顿珠宝大王威廉·雷曼（William Reiman）在建筑师克拉伦斯·楚（Clarence True）的帮助下，设计了一栋他自己的住宅。雷曼希望这座住宅能让他在自己的地盘里从景观、日照到通风，都有着绝对的控制权。

手握遥控器，雷曼的任何一个即兴念头都可以通过嗡嗡作响的电机和安静的齿轮运作来得到满足。一篇报道这样描写雷曼全权控制房屋的情景："房屋主人，在他的书房或卧室内都可以按下一个按钮，然后屋子的走廊和院子都会响铃，警告那些要进入或者离开住宅的人，它的左翼或者右翼将会移动。""当然，

阳光和阴影也将在他的控制之下。如果他想睡个懒觉，当光线照进他的窗户时，他就会按下床边的按钮，把床转向东边避开光线。"[40] 当年这栋住宅原本就要建在长岛海湾（Bayside），并且在年内完工，但至今也没有任何资料显示它曾经存在过。

另一个为公众所知却也未曾修建的例子是由一名波兰裔钢琴家，同时也是业余发明家的约瑟夫·霍夫曼（Józef Hofmann）设计的。他是那个时期从事旋转设计的独立设计者代表，他的发明还包括充气减振器、风挡雨刷和大量的医疗装置等。他为自己在南加州的房产做了一个旋转设计，有三个控制面板，一个给他自己，一个给他妻子，还有一个在中央控制室里。他把这看作是自己控制环境的一个工具。他说道："我承认整个旋转房屋的概念就是一个独裁的方案，这个方案就是让房屋的主人达到自己想要的状态，而其他人必须接受这种安排。"[41]

我们可以把外部旋转房屋设计，看作是人类想要统治自然环境的一种持续努力。早在 19 世纪，荒地就已经被我们改造成工厂、隧道、铁路或其他，科技和机械是人类改造周围环境的工具，这引起的物质形态的改变和心理层面的变化，都意味着历史新篇章的到来。正如一位科技历史学家说的："他们相信，发明和控制了机器的创意性思想，必将改变自然的形态为人类所用。"[42] 让房屋旋

伽罗苏别墅鸟瞰，旋转部分的内院朝向
山坡，1935 年

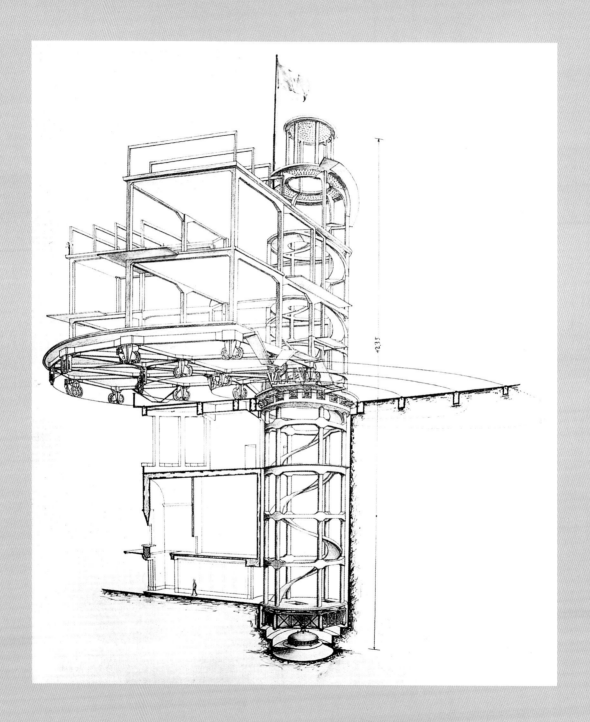

对页：伽罗苏别墅的结构框架图

本页
左：由伽罗苏别墅的入口大堂望向带有
螺旋楼梯和电梯的核心筒
右：绕电梯旋转的螺旋楼梯

旋转部分内安吉洛·因韦尔尼齐的书房

转起来，令房间充满阳光或者阴凉避光，通风或者阻挡寒风，这些都使得房屋主人感到阳光和天气都听命于己。

伽罗苏别墅（Villa Girasole）

意大利土木工程师安吉洛·因韦尔尼齐（Angelo Invernizzi）在看到自己的作品第一次以 180°旋转起来时，高兴地对同事说："我希望它完全转起来。"[43] 他希望最后的成品是能够全方位旋转的。这件作品就是伽罗苏别墅，这栋避暑别墅矗立在意大利北部的维罗纳市（Verona）附近，他家乡马切里塞（Marcellise）村庄，那布满果园的山腰上。伽罗苏是第一栋为人所熟知的真正建成的旋转房屋。这是一件试验品，也是一件精品，是一份由几名设计师共同合作完成的独特的个人宣言。

因韦尔尼齐出生于 1884 年，在热那亚上大学，在帕多瓦（Padua）国营铁路局工作。毕业后的几年时间里，他的工作就是画铁路的工程图纸。他的女儿莉迪亚（Lidia）认为，就是在那里，他的父亲把交通工具的技术融会贯通，首先提出了旋转房屋的概念。[44] 一战后，因韦尔尼齐在热那亚成立了自己的公司，在钢筋混凝土建筑物方面发挥了自己的专长。这期间，他可能对旋转房屋的设计进行了反复的思量，他的第一张旋转别墅的图纸绘制可以追溯到 1929 年。这栋房屋的建造始

于 1931 年，整个工程在随后几年的夏天里进行，最终于 1935 年完工。

因韦尔尼齐和他的设计团队把这栋别墅的建造当作是现代材料的实验室，在建造过程中，从钢筋混凝土到纤维水泥墙板都尝试过。为了让工程持续保持这种实验性，伴随着工程建造的是大量的返工改造和方案改良。在第一次旋转测试时外墙的混凝土出现了裂缝，因韦尔尼齐就用铝板代替了原来的混凝土外墙。当基础固定下来，旋转装置通过了测试，转动部分室内的抹灰墙体上还是出现了一些小裂缝。因韦尔尼齐只用一层帆布饰面掩盖了这些损坏，帆布的肌理感和手工感反而与其他部分光滑的内饰面形成了鲜明的对比。

在别墅中穿行可以感到一系列的变化，从重到轻，从昏暗到光明，从仪式感的、面向公众的到私人的、私密的，从传统到现代。顺着颇具纪念性的、灰泥刷的矮墙根处的入口进去是一个门厅，这个门厅有通道可以通往山腰。在走向房子塔楼的基座时，大厅慢慢地被从高处窗户的玻璃反射下来的阳光充满了，一个旋转楼梯沿着墙蜿蜒而上，围绕着一个开放轿厢电梯，这个电梯能让人更快地从建筑的底部移动到可旋转的建筑上层。在首层，V 字形的可移动部分的环境变得更私密和不拘泥于形式。这层是"白天的活动区"（"day zone"），餐厅在一边，音乐室在另一边，中间是因韦尔

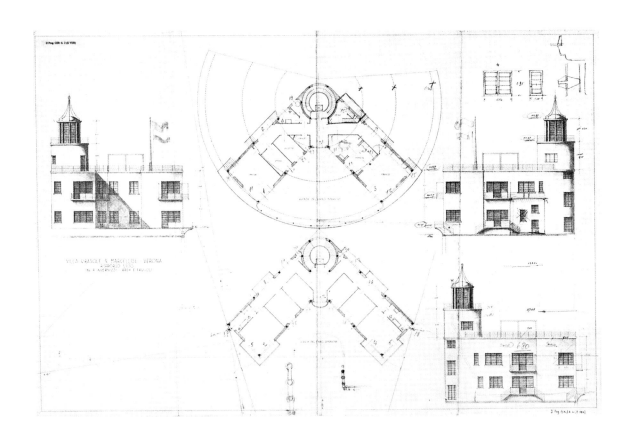

因韦尔尼齐决定让房屋旋转 360°
之前绘制的伽罗苏别墅首、
二层平面图及立面图

左：伽罗苏别墅，旋转部分内的首层门厅，2006 年
右：旋转部分首层内的餐厅，2006 年

尼齐夫妇二人的书房和一间吸烟室。厨房、餐具室、衣帽间和厕所等服务用房被安排到塔楼边上的角落中。第二层则在每一侧都有秩序地安排了一连串的卧室和浴室。

可移动部分的布局和形式都很适于转动。原来的设计中，地面层的每一侧，走廊两边都是房间。但是在建造前，设计就改成了现在的样子，主要的走廊靠在房屋的外侧，从中部的塔楼一直延伸到另一端，所有的起居室、卧室都围绕着这一侧翼面向外面的梯田。虽然任何一侧在特定的时刻景色有所区别，但基本以同一角度面向太阳，这样，就不用纠结于房子应该朝哪个方向转动了。所有房间都能获得等量的阳光和阴影。在可移动部分的门厅，有三个按钮（前进、后退、停止），主人可以由此控制房屋的旋转。每次转动的速度大致为一分钟转动 9in（约 0.23m）或者是 9 小时 20 分钟转一圈。

这个房间的室内设计从古典向现代过渡，而建筑的外部也明显地体现出这种转变。靠近地面，固定不转的门厅厚重且具有纪念性；而房子上方可旋转的侧翼则轻巧、灵动，让人联想到装饰派的艺术风格（art deco）和国际风格（International Style）。这种效果与杰·塞德曼设计的那些旋转日光浴室类似，而这些日光浴室中最早的建造时间只比伽罗苏别墅早几年。伽罗苏别墅外观具有这种双重性的部分原因是整个

设计是由不同专业的人共同协作完成的，包括因韦尔尼齐本人和他的同事兼朋友，建筑师埃托雷·法焦利（Ettore Fagiuoli），他同时也是一名机械工程师和室内设计师。建筑师和理论家戴维·里维斯（David Lewis）、马克·托斯马克（Marc Tsurumaki）和保罗·里维斯（Paul Lewis）把这个设计比作"精美尸体"（"exquisite corpse"）。那是一款 20 世纪 20 年代超现实主义（surrealist）的客厅游戏，游戏的参与者依次分别画整个图形的一部分，然后把画好的纸折起来，只露出画的边缘，不让别人看，接着传给下一个画的人，到这个图形画完为止，才可以把整张纸打开，展现出来的整个画面让人意想不到，其效果是"1+1 不等于 2"。[45]

莉迪亚·因韦尔尼齐最近回想起房屋落成时，在这处寓所过暑假时的激动心情，那时她还是个小姑娘。那里有水泥的游泳池和网球场，还会定期在钢琴房办舞会。花园和乡村里有很多水果和蔬菜，整个夏天都可以采摘，还可以包好带回热那亚，在过冬的时候吃。当然，最有吸引力的还是这个房子可以转动。在夏天，伽罗苏每天都被启动和旋转，就是为了满足那些经常到访的参观者们十足的好奇心。安吉洛·因韦尔尼齐最喜欢岬角似突出的平台，那里可以看到很好的景色。半个多世纪后，他的女儿回忆道："我记得父亲坐在平台边上，看着风景，就那么坐

对页：内院面向山坡和内院面向下方山谷的伽罗苏别墅，1935 年

上几个小时，非常平静放松。"[46]

在第二次世界大战期间，德国与英国的军队占领了这所房子。当因韦尔尼齐一家回到这所房子时，发现除了两把椅子丢了外，房子的一切完好无缺，只是有点脏而已。随后，因韦尔尼齐先生与夫人在这栋房子里度过了余生，因韦尔尼齐太太于1957 年去世，因韦尔尼齐先生本人第二年也随夫人而去。之后的几十年里，他们的孩子继续使用和维护着这栋房子。

在建筑出版史里，伽罗苏别墅是仅有的几个旋转建筑物之一。学者们也花了很大的力气，让对这栋特殊建筑物的描述能符合过去的叙述方式。铝的外墙，环绕式的窗户，下端的滚轮，这些都使得伽罗苏别墅的旋转部分与传统的建筑形式完全不同，它包含了移动性、动力性、机械性——这些都是未来主义所信奉的原则。两场世界大战之间，一场艺术运动慢慢地在意大利兴起。这也被看作是墨索里尼时代意大利的典型产物。1930～1940 年间，法西斯政府推崇"太阳崇拜"的思想，认为太阳辐射不仅是健康和保健的来源，而且是生命力与活力的源泉。这种思想在很多工程中都有所体现，包括试验的太阳能加热系统、城市设计和建筑设计，凡此种种都跟随着太阳的运动轨迹。这种日心说伴随着人们对机械和科技的崇拜。在这种环境下，可移动的建筑、旋转的房子尤其不会被看成反常的怪物，反而被认为是适时的、

IL GIRASOLE

实用的、运用科技手段使用自然资源的合理手段。[47]一些作家则认为这栋房子过分强调合理、过度追求"向日性"，以至于"几乎成为一栋非理性的别墅"。[48]

很明显，太阳是这栋房子的设计主题，在房子翻新，重新铺上陶瓷地板和安放定制的餐具时，光线有助于突出那些风格化的图形，其英文名字"太阳花"（"The Sunflower"）则是这一形象的极好体现。不过相比于太阳花跟着太阳转动，伽罗苏别墅却常常最大限度地躲避阳光。莉迪亚·因韦尔尼齐提到，只在夏天的几个月份里，别墅才会有人住，而在炎炎的夏日里，房子可转动的部分总是朝向北，以躲开太阳光的直射。[49]

因韦尔尼齐的设计对结构和对环境景观的控制都同样看重。由于它位于山腰上，而且建筑本身也有一定的高度，伽罗苏就像一个平台，在这个平台上，可以远眺远处的葡萄园、果园和山谷。那是

一种可望而不可即的意境。当房子转动起来，阳台面对山坡时，房间就仿佛瞬间被地形隔离起来。此时，中央的阳台与山上的一个楼梯平台连接，人就可以从房子直接走到山上的花园。人处于这栋建筑物及其周围环境中，根据其不同的定位，能够经历不同的体验。别墅与景观关系的体验完全取决于人的控制。

伽罗苏别墅建造的时代，政治和流行文化，都对移动、科技和机械很感兴趣，若脱离这个大背景来讨论伽罗苏别墅，其结论是不准确的。这栋房子深受这些概念的影响，甚至超越了旋转这个简单的事实。那些转动的部分均由铝合金包裹。生产这种铝合金的是一家专门从事飞机、铁路和海航市场的米兰公司。在转动侧翼下面的十五套轮子由铁路巡轨车改装而成，其他旋转装置也采用了铁路上可转动轨道的相同技术。这些轮子的设计是为了把轮子暴露在外，从而简化维护的工序，当然也是为了更加突出别墅的可移动性。室内的装饰和传统的家具设计则吸收了曲线的艺术要素，形式与20世纪30年代的机场设计有着相通之处。阳台的栏杆、屋顶的晒台、室内的楼梯也都与蒸汽船上的很相似。

旋转娱乐设施

托马斯·盖纳（Thomas Gaynor）在1904年为他的旋转住宅申请了专利，并提出这可旋转平台及其附属机械可以被用作娱乐设施，它外部的装饰看起来很像一个球体。其创意可能来源于1900年巴黎世博会里的天穹（Celestial Globe）。[50] 它的内部是四个楔形的电梯轿厢配以阶梯形的座位，向高处固定的中心运转。内部地面作为旋转平台的一部分旋转，为电梯里的观众上演着不同的戏剧性场面。在中部的楼层，乘客可以短暂离舱，吃些点心和欣赏外面的风景。对于旋转建筑的发展来说，这个设计是重要的一笔。在设计过程中，盖纳推翻了很多个方案，就是为了能从中挑选出至少一个方案争取到建设许可。虽然不曾真正修建，但他的球形方案也反映了一种对非凡的旋转娱乐骑乘设施的持续迷恋。进入20世纪，像英国的黑潭市（Blackpool，英格兰西北部海滨胜地，译者注）、美国的科尼岛（Coney Island，纽约市西南端的海水浴场、游乐场，译者注）和大西洋城这些海滨度假胜地，港口和散步道都提供了更加刺激的乘坐体验和景点。从埃菲尔铁塔和摩天轮开始，国际博览会上就一直使用高耸的标志性构筑物给游客们以一生一次的难忘体验。

塞缪尔·M·弗里德（Samuel M.Friede）的"球塔"（Globe Tower）与盖纳的球形概念有点相似，但尺度更大。这个球形之塔计划兴建于科尼岛。这个巨大的建筑物直径300ft（91.44m），高700ft

FRIEDE GLOBE TOWER
700 FEET HIGH
CONEY ISLAND, NEW YORK

REAR VIEW
of AEROSCOPE
PAN-PAC. INT. EXPOSITION
SAN FRANCISCO, 1915

左： 塞缪尔·M·弗里德的"球塔"方案；
球体中央的窗户内是一家旋转餐厅
右： 1915年旧金山巴拿马—太平洋万国
博览会上的"空中观测器"

(213.36m)，比其他景点的尺度都大。1906 年，报道称这个塔的钢结构框架高达 11 层，有杂技剧院、舞会厅、天气观测台、过山车和几家餐厅。[51] 就在球形最宽处的水平面下方，一条环形玻璃窗内安排了一家餐厅，据报道："这条 25ft（7.62m）宽的旋转带承载了餐桌、厨房，顾客们将在这个空中餐车内就餐。"[52] 在球形的顶部，世界最大的旋转射灯将成为海上船只的灯塔，同时也会为整个纽约地区提供一个令人愉悦的景点。

虽然在 1906 年和 1907 年分别举办了一次以条幅和烟花为标志的破土动工仪式，但是这个售出大量，声称已购买了 4000t 钢铁的"球塔"却从未高出地基一分一毫。最终，"球塔"所属公司的财务主管以携股票潜逃的控罪被捕；1908 年，公司的持有人拆除了塔的基础，引起了诸多的猜疑，认为这应该是一个复杂的金融骗局。[53]

1915 年，为了庆祝巴拿马运河的完工，巴拿马—太平洋万国博览会（Panama-Pacific International Exposition）在旧金山举办。在博览会会场的中央，一个被称为"空中观测器"（Aeroscope）的像起重机似的金属塔，可以把游客荡向高空，也可以慢慢地 360° 转动，让游客欣赏展会和城市的全景景观。在这个"空中观测器"支托臂的最远端是一个方形的、可以容纳 120 名乘客的客舱，

而另一端的底部则是一块混凝土厚板作为配重。客舱可以降至地面，让乘客上下。支托臂可以把客舱高举至 260ft（约 80m）的空中，而在地面上，其底部的滑轮则以环形的轨迹转动。一位名叫劳拉·英格尔斯·怀尔德（Laura Ingalls Wilder）的作家参观了博览会后，给家里人写信，把空中观测器比作"一个顶着方形脑袋的巨人，把他的脖子一下下地向上伸展。"[54]

这个空中观测器的建造是为了庆祝在高科技和工程学的帮助下，巴拿马运河的开凿得以实现。[55] 其设计者是金门大桥的首席工程师约瑟夫·施特劳斯（Joseph Strauss）。一些游客把它看作是一个伸着脖子的巨人，其实它也可以被看作是开凿运河的大型旋转蒸汽挖掘机。像芝加哥的哥伦比亚博览会上那 250ft 高的法利士摩天轮和杰西湖畔的旋转观景塔一样，这个塔提供了一定的高度和旋转视角，是人们从高空观赏地面景观的标志性建筑物。

旋转酒吧和餐厅

在多家报纸、期刊上同时发表文章的著名专栏作家哈伦·米勒，曾经这样描写道：一家旋转酒吧"一杯酒喝下去就能让人头晕目眩，看出重影"。[56] 第二次世界大战前的几十年里，包括芝加哥莫里森（Morrison）酒店酒吧、纽约州水牛城的施载米（Chez Ami，法语"朋友"之意）、新奥尔良的"旋转木马"在内的

许多酒吧和夜总会都有着不同形式的旋转吧台。在那个禁酒的年代，在美国喝酒是犯法的，旋转酒吧就是一种体面的地下酒吧，暗中为那些富有的主顾们提供一美元一杯的酒（当时的 1 美元相当于 2007 年的 15 美元）。

旋转酒吧的里面和外观同样吸引人，它就是专门为了那些出城寻乐的人们提供一个去处而设计的。所以它们经常建在旅游景点或娱乐场所附近。1935年，一个名为"旋转木马"的夜总会在大西洋海岸线的长岛开张营业。[57] 这个夜总会里，有室外的"船形甲板舞池，还有旋转的吧台"，是离纽约城很近的一个受欢迎的休闲好去处。像"旋转木马"和旧金山马克·霍普金斯（Mark Hopkins）酒店屋顶的"马克之顶"（Top of the Mark）等酒吧的墙体都是可折叠或者可移除的，这样在天气暖和的时候，墙体就可以被移开。这种开放的设计加强了酒吧的新奇感，提供了更有趣的室外景观，要是酒吧在地面层，还可以向路上的行人炫耀它正在旋转。

诺曼·贝尔·盖迪斯，妇女之家杂志住宅和旋转机场的设计者，于 1929年设计了 1933 年芝加哥的"进步的世纪"万国博览会上计划要建（却终未建成）的空中餐厅。当时盖迪斯已经是一名职业舞台设计师，却正把精力投向现代化的装置、建筑、汽车和飞机上。他还为

"BUFFALO'S THEATRE RESTAURANT" CHEZ AMI — HOME OF THE REVOLVING BAR

自己发明的新式汤勺、盘子、别针弹簧、夹子和收音机外壳等申请了专利。他的一些设计已经变成产品，另外一些别出心裁的方案却从未被实现，如原本可与海洋客轮抗衡的、可横渡大西洋且有九层高的飞机等。他的作品展现了动力学和流线型的特征，还用铝和铬这些现代材料来强调其特征。他设计的房子和其他物件都具有流动的曲线形和圆滑的转角，使其看起来即便不动也具有强烈动感。这些作品都很吸引眼球，象征着现代生活的快速节奏和对未来进步与效率的乐观态度。

他设计的空中餐厅（Aërial Restaurant）的中央有一个高达 280ft 的钢结构中柱，里面包括了三部客梯和九部货梯。这个建筑物还有餐厅和观景台两部分，在观景台可以看到地面上博览会会场和周围城市和湖泊的风景。据盖迪斯

施载米旋转酒吧明信片，约 20 世纪 30 年代

说，这个建筑物本来是用来吸引本地游客的。在他 1932 年出版的书《地平线》中写道："空中餐厅这个设计的主要原因，是为了给那些日后将多次到博览会参观的本地芝加哥人一种新奇的第一印象。"[58]

建筑物的上部是一个集餐饮和娱乐于一体的综合设施。三个独立的扇形体量，其圆心角从 180°到 240°不等。每个扇形内都有一个一层高、带落地玻璃墙的室内餐厅。餐厅门开向围绕着圆周的观景平台。最底层的餐厅可同时容纳 700 人，附设舞池、演奏厅和餐具室。中间层内是能容纳 500 人的咖啡厅和酒吧，同时也为上层的餐厅提供了 200 个后备座席。应当承认，"那里最好的食物的价钱必然相当高。"[59]

盖迪斯把建筑物的顶部称为"该建筑物最新奇的部分"，这个部分的餐厅和观景台，就是被设计用来慢慢转动的。虽然整个建筑物的三大部分在结构上是相互独立的，但又很明显地和谐一致。一本书在描述这个旋转餐厅时写道，在设计过程中，盖迪斯可能在初始阶段考虑得并不周全。使餐厅得以旋转的机械部分原本被设计安放在地面层的餐厅之下。[60]然而这样的旋转装置需要一个高达 20 层楼的复杂驱动轴。所以，还不如索性把这个旋转装置安放在餐厅的顶部来得容易，于是才有了现在这个设计，

日后类似的结构也采用这样的模式。

贝尔·盖迪斯把餐厅抬得足够高，以提供一个戏剧性的视野，同时也使得建筑物的占地面积尽量小。实际上，这是当时的卖点之一，专门为本已被各种规划建筑物塞满的博览会场地设计。考虑到经济大萧条和造价的极度昂贵，这个空中餐厅工程并未实际修建。然而，将带玻璃墙的环形餐厅置于修长的塔顶上的建筑，作为国际博览会的中心装饰品这个设想，预示了未来 30 年后旋转建筑时代的到来。

20 世纪前半叶，我们看到很多关于旋转建筑的图纸和讨论，但建成的却为数不多。一部分原因是政治和经济的不稳定阻碍了一些方案的实现，另一部分原因则是因为客户或公众的保守，对旋转设计的功能和优势接受度不够。这个时期获得成功的大多是那些治疗性建筑和影剧院的舞台。那些认识到旋转建筑好处的人们得等到第二次世界大战之后才能看到大量的旋转建筑的落成。他们认为旋转建筑很好地表达了这个世纪的重点，那就是移动性，同时旋转设计也对大家共同关注的问题作出了合理的回应。可以预计，日后，受到可持续经济发展的刺激，旋转建筑将会大批量地建造，其现实原因就是有效和便利，当然，日后也会加入文化的考虑因素，如，未来主义、城市发展和绿色设计等。

对页：诺曼·贝尔·盖迪斯为 1933 年芝加哥"进步的世纪"万国博览会设计的空中餐厅模型，未建成

第三章
战后旋转建筑设计

整整 20 年的战争和萧条过后,欧洲和美国百废待兴。到 20 世纪 50 年代后期,各项恢复重建工作已经如火如荼,大量设计项目得以实施。战后经济繁荣将消费性开支推至空前水平,扩大中产阶级比例,并促进旅游及娱乐工业的飞速增长。现代主义以和过去"传统"形式不一样的姿态,在办公和公共建筑设计中逐渐占据主导地位。为迎合战后出现的各种需要,例如大量的低成本住宅需求;适应无处不在,越来越多的机动车;支撑新的交通网络;或是迎合数目不断增长,寻求刺激体验的人们的要求,各种关于不同类型建筑设计的新思潮大量涌现。战后世界上出现了一些相当杰出的旋转建筑。20 世纪 60 年代,设在旋转平台上的空中餐厅在全世界范围内出现,它们促进着其他类型旋转建筑的发展,一个充满旋转建筑的未来仿佛就在眼前。

随着战后时期美国汽车数量成指数的增长,旋转平台被认为是在局促空间内解决停车问题的一个相当有用的工具。银行建筑都需要在其内部加入免下车的银行服务。在像明尼阿波利斯市的农工银行一类的建筑中,客户的车由街道开进地面层,驶向出纳柜台,然后开上一个建筑后部的旋转平台,旋转平台旋转,将车辆调头朝向街道。整个过程顾客都在结构柱间穿插,而且要求精确地开上平台,因此对驾驶技术有很高要求。[1]

汽车旋转平台也被纳入进多层自动化停车库的设计中,但并没有得以实施。如 1950 年阿尔伯特·布拉内利(Albert Buranelli)设计的"旋转车库"(Rotogarage),车库每层都设汽车旋转平台,平台中心是电梯。汽车被电梯提升到有空位的楼层后,平台旋转,使电梯出入口对准每层的车位。在 12 层高的回转停车场(Gyro Parking Garage)设计中,三个可以单独转动的同心圆环取代了单一旋转平台,显得更为精致。这些设计号称可以通过旋转平台和高科技的"电子记忆系统"[2],将效率提升至传统坡道式车库的两倍。从 20 世纪初,旋转车库和内部旋转式住宅设计的出发点是相同的。二者都想用代替交通空间(坡道和走廊),减少附属空间的方式,最大化使用空间的利用效率。

阿尔伯特·布
拉内利的旋转
车库设计，约
1955 年

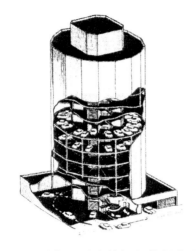

战后时期，对旋转舞台的研究和建
设一直在发展。新版本的转台常安装在
有脚轮的一辆短"货车"（Wagon）上，
不使用时，整个装置都可以拖回后台。
以曼哈顿大都会歌剧院在 20 世纪 60 年
代末使用的转台车为例，其直径为 57ft
（17.37m），但高度只有 12ft（3.66m）。[3]
虽然这些旋转平台能快速切换布景，有
时也用于产生动态效果，但仍然被设置
在传统剧场舞台台口内。

在 20 世纪下半叶，设计师继续在剧
院中进行着战前就开始的实验：将其各
组成部分旋转移动以重新配置空间。影
院的经营者可以对观众席作出或宽敞或
紧凑的布置变化，或是在建筑内部移动
舞台的位置，从放置在一端的比较传统
的布置，变为舞台在观众席中央的环绕
式布置。一些未建成的设计中，座席区
整体都是可以转动的，这样在剧目间或
是表演进行时都可以变换布局或是跟着
演员的移动而移动。

在 20 世纪 40 年代后期，诺曼·贝
尔·盖迪斯提出发展新形式以取代他戏
称为"相框"的舞台。和早期的戏剧改
革者如劳滕施莱格和莱因哈特等人一样，
贝尔·盖迪斯认为，前舞台式剧院是"人
所共知的最乏味的剧院结构形式"，因为
它将表演者同观众彻底分开，将人们的
体验限制在二维而不是三维层面上。他
的提案是"适应性剧院"，其舞台和观众
区可以以多种方式重新安排。舞台可以
在演出时移动，设置在观众中间，或向
观众席伸出，或者设置成座席在两侧的
环形布置。这种塑性极强的观演空间将
激发设计师、导演、编剧和演员的创意，
同时打破了那些他视为是扼杀性的、观
众和演员之间的分隔。[4] 虽然"适应性剧
院"最终变成了空想，但在随后的几十
年间，贝尔·盖迪斯的想法在为数众多
的创新剧院设计中得以采纳。

位于捷克共和国南部克鲁姆洛夫
（Česky Krumlov）镇上的旋转礼堂剧场
是一间露天剧场。由剧场设计师琼·布
雷姆斯（Joan Brehms）构思，它位
于一座 1754 年建成的名为巴拉莱克
（Bellaric）宫的巴洛克式花园中，包括
一个卵形的倾斜观众席。设计反映了布
雷姆斯的观点，即"剧场空间必须富有
戏剧性和动感，这指的不是装饰，而是

上：捷克克鲁姆洛夫旋转剧场原型，约摄于1958年

左：士兵们正在转动世界第一座全尺寸的旋转剧场，捷克克鲁姆洛夫，约摄于1965年

空间特征。它必须为演出中的各种可变性和多样性变化提供可能。"[5]

1958 年，布雷姆斯深化发展了他的设计模式，在这座王宫花园里设计了一个可以容纳 60 名观众的小尺度舞台原型。原型获得了成功，次年，有 400 个座位的完整版本建成。它也位于花园中，既可以朝向贝莱瑞（Bellarie）宫的立面，也可以面向王宫花园，这意味着剧场提供了由规整的梯田式花园到森林、田野以及灌木丛等多种布景。当时拍摄的照片显示了一群雇佣兵正在表演期间转动座席区。两年后，露天剧场被改扩建并且变为永久性设施，舞台下方转轮改为电机驱动。1969 年，剧场再次扩建，增设了管弦乐团演出席，观众席也增设至650 位以上，这种配置一直持续至今。

全尺寸的克鲁姆洛夫礼堂建成的同一年，皮尼奇（Pyynikki）露天剧场在芬兰的坦佩雷（Tampere）开张。由建筑师拉吉·奥亚宁（Reijo Ojanen）设计，和布雷姆斯的版本类似，容纳 800 名观众的座席区可以旋转，面对设在座位区周围的各种不同景观作为背景。近年来，剧院已被扩建，并在观众席上方增设了屋顶。

贝莱瑞和坦佩雷的旋转观众席为导演和设计师开创了新的可能性。通过创造性的运作，这些形式将一种和传统剧院有显著区别的活力和参与感带给观众。当背景变换，表演在身边徐徐展开之时，观众不仅仅只是个看客，而成为一个活跃的参与者。这种体验也可以给人以电影感。就像从一个到另一个地点，无缝跟踪电影角色活动的长镜头一样，剧场可以很容易地转动，让全部观众跟随演员从一个位置到下一个。（不同的）背景可以在空间距离甚至时间上提供作品所需的氛围。

1960 年法国理论家和设计师雅克·波利埃里（Jacques Polieri）在他的巴黎前卫艺术节移动剧院设计中发展了一种此类设计更为详尽的版本。该建筑包括一个有 3 ～ 400 个座位的旋转观众席，中央是外圈环形的旋转舞台。由于各组成部分可以独立旋转或停止，因而可以创造出各种视觉效果。历史学家记载道："当以特定的设置移动时，观众可以感受到场景的透视运动——靠近一个物体再远离，创造出一种类似在游乐园中坐旋转木马时的感觉。"[6]

战后时期文化中心和学校礼堂建设的增长，鼓励了可以快速适应小型或大型活动的可重构空间的发展。在各种国际展览中，还出现了可移动的座椅结构，以吸引或适应大量人群的活动需求，并投射出一种未来感。威尔顿·贝克特公司（Welton Becket Associates）专为 1964年世界博览会设计的通用电气馆的一大特色就是可容纳 1400 名观众的环形座席，座席中间是 6 个独立舞台。同一届博览会的克莱斯勒馆也采用了类似布

对页上：捷克克鲁姆洛夫露天旋转礼堂。约摄于 2005 年

下：芬兰坦佩雷皮尼奇露天剧场，戏剧表演时，士兵们正在操作观众席旋转装置。约摄于 1970 年

运动中的捷克克鲁姆洛夫露天旋转礼堂的长时间曝光照片。约摄于2005年

置——观众席环绕圆形舞台——但是在这一版本中，以木偶戏为特色的舞台被分为三个部分，顺序展示木偶表演。[7]它是托马斯·盖纳1908年引起全球关注并取得专利的方案的单层版本。

旋转餐厅

1964年纽约世界博览会最受欢迎的展馆之一，是通用汽车公司赞助的未来Ⅱ馆（Futurama Ⅱ）。它是1939～1940年世博会上由诺曼·贝尔·盖迪斯设计的原始展馆的续作，其特点是成排设置在轨道上的座椅，围绕一个巨大的、描绘2024年生活的立体模型旋转。模型显示了与月球和海底基地、道路建设以及未来城市，渗透出企业对未来持有的乐观态度。参观者可以由上至下欣赏这些由闪闪发光的新建筑和公路网组成的高科技微型世界。

在过去，对水平景观的重构只能借由展览建筑模拟下方景观来实现，而其现代对应物则是巍峨耸立的视野。到20

世纪 60 年代中期，提供类似体验的一种新的、具有经久不衰吸引力的建筑类型出现在世界各地的城市中心和山巅之上。

19 世纪世界的全景呈现已经有条件可以从全新的高度、角度，甚至不同的时间来进行。埃菲尔铁塔提供了在巴黎上空正式用餐的机会。它开辟了一个原来专属于汽艇的，更宽广的公共空中视角。杰西湖畔的观景塔和空中观测器进一步将高海拔远景引介给大众。借由旋转机械，它们成为现实生活中的移动全景。旋转酒吧提供在旋转的同时饮酒和社交的机会。第二次世界大战后的数十年间，企业家、建筑师、工程师将这些概念（他们大多不了解更早期的设计）混合在一起，用战后未来派设计潮流、主题娱乐以及现代通信基础设施的技术需要过滤。其结果是旋转餐厅在世界各地的迅速蔓延。

在许多国家中，商务飞行、高速公路建设，以及有可支配收入和闲暇时间的中产阶级的增加，推动了旅游业的爆炸式增长。无论在东欧集团或西方阵营，太空竞赛提高了公众对技术性未来的兴趣，同时双方的冷战既促进了由进步所带来的政治符号的需求，也加重了对科技发展不利影响的担心。世界博览会、国际展览，以及奥林匹克运动会需要新的有竞争力的标志性建筑。电信和电视公司专为广播和中继信号建造发射

塔，高层建筑为额外的创收企业提供平台。旋转餐厅迎合了政治家和支持选民寻求身份标志、企业家希望能吸引顾客、公众对未来生活迫不及待等种种需求。

战后的第一批旋转餐厅之一，是迈阿密大学校园对面一个叫"旋转木马"的不起眼的咖啡馆。它有以鸟形图样作装饰的六个小卡座，围绕着一台管风琴布置，屋顶是帐篷状的，其旋转木马主题很醒目。显然是 20 世纪上半叶那些旋转酒吧的后裔（其中许多都是旋转木马主题的），它和那些随后几十年中出现在屋顶、塔顶和山顶的，闪闪发光的旋转餐厅几乎没什么相似性。

起源于德国

几千年来的高塔，塔，尖塔，教堂钟楼，塔楼和城堡塔楼，都协助防御，表达精神信仰，彰显着力量和威望。它们通过更细、更高标榜着技术能力。作为地位的象征，它们提升了建筑或城镇的美丽和知名度，反映出人类的力量与野心，同时它们又是现代性的代表。历史学家安东·胡德曼（Anton Huurdeman）指出，"在 19 世纪，景观中高耸的烟囱是工业进步的象征。同样地，在 20 世纪，电讯塔成为信息社会的视觉符号。"[8]

20 世纪 50 年代出现的新的微波通信系统需要一系列定向传播的发射装置。

迈阿密大学"旋转木马"咖啡厅，1955 年的明信片

当时大部分发射塔都是钢网架结构的。在前联邦德国斯图加特某个山顶的钢塔规划中，结构工程师弗里茨·莱昂纳特（Fritz Leonhardt）说服政府当局采用了钢筋混凝土结构，它有着更为优雅的外观。斯图加特电视塔建成于 1956 年，是世界上第一座钢筋混凝土电视塔。

为了支付建设和运营成本，莱昂纳特和他的合作者建筑师欧文·海因勒（Erwin Heinle），提议电视塔在设计时顶部结构内不仅设置广播设备，同时应设置观景平台作为吸引游客的旅游景点。在超过 450ft（137.16m）的高度，最终圆柱状塔顶设计有两个观景平台和一个固定的餐厅，俯瞰这座城市及其周围的山丘、葡萄园和森林。再往上是越来越细高耸的天线，这让整个结构的外观像

串着颗橄榄的牙签。在随后的电视塔设计中，大都采取了这种越来越细的锥形混凝土塔身加放大的塔顶外形，并且都配有观景平台和餐饮设施。

3 年后，第二座混凝土电视塔于前联邦德国建成，其设计基本上基于斯图加特塔。多特蒙德的佛罗里安塔（Dortmund's Florianturm）于设在塔下的国家园艺博览会开幕之际投入使用。该塔的特色是塔顶分为上下两部分，其下部的旋转餐厅可能是史上第一个建在电视塔上的旋转餐厅。塔顶下部中央是固定的交通核，内部包括承担竖向交通的楼梯和电梯，以及卫生间和备餐间。围绕这一服务核心是一个带动桌子、椅子，和食客一起，每小时转动一圈的旋转平台楼层。

莱昂纳特和他的设计团队使前联邦德国走在了钢筋混凝土塔设计的最前沿。他们完善了滑模施工工艺，用一组沿轴向设置的液压千斤顶不断向上推动模板，在模板中连续浇筑多层混凝土。他们首次将电梯设在塔身外侧，并且在努力平衡美学和效率的前提下，尝试设计不同的塔顶和各种塔身方案。作为功能型构筑物，电视塔创造性地发挥钢筋混凝土结构的优点，表现出这种结构简洁和纯粹的美感。[9]

另外，在 20 世纪 50 年代末开始建设的另外两座旋转餐厅完全不同于电视

斯图加特塔塔顶，约1960年的明信片

塔。德国法兰克福的亨宁格塔（Henninger Turm）同时也是为当地啤酒厂储存16000t大麦的筒仓综合体。为使其成为能博得大众喜爱的标志性建筑，同时创造额外收入，设计师决定增加屋顶设施。最终完成的建筑包括一个全封闭的三层塔顶，内部设有两个旋转餐厅（高度超过330ft）和一个观景廊。整个塔顶结构外部都是可旋转的，使人注意到其独特特征，并强调了它独一无二的全景视野。亨宁格塔于1961年5月建成并投入使用。

1958年，哈利·哈蒙（Harry Hammon）和他的妹妹伊莎贝尔·费伊（Isobel Fahey）购买了一条在澳大利亚卡通巴（Katoomba）的老缆索铁路，它最初是为采矿作业使用的。他们改建了原有铁路，兴建一座新的空中索道和一座包括礼品店和投币式娱乐的建筑。并命名为"风景世界"（Scenic World），游乐设施的位置和缆车路线为游客提供连续欣赏周边蓝山（Blue Mountains）景色的体验。次年，他们建设了一个有落地窗的正方形餐厅，主题也是连续不断的景观视角。餐厅室内中心是直径50ft的可旋转平台，能容纳200名用餐者。厨房、卫生间等服务空间呈弧形，位于建筑物固定部分，不会遮挡景观，也不需要旋转设备。餐厅刚开始营业时，楼

亨宁格塔和其顶部的旋转餐厅，约 1965 年的明信片

层转速很快，每小时达六圈，后来减少到每小时三圈。[10] 虽然在接下来的数十年间，以整体地板旋转的旋转餐厅比采用环状旋转地板的餐厅要少见，但"风景世界"的餐厅仍是这类俯瞰自然奇观的设施的先例，也证明了其将景色转化为利润的能力。

目前还不清楚，西雅图建筑师小约翰·格雷厄姆（John Graham Jr.）或他的同事在 1959 年檀香山的一个新的购物中心设计中，提出将其屋顶餐厅设计成可旋转的时，是否了解德国和澳大利亚的旋转餐厅。这一概念显然令他的

客户感到十分惊奇，据说他们兴奋和难以置信地回答说："你能做到吗？"[11] 格雷厄姆团队的设计师之一，约翰·里德利（John Ridley），深化了屋顶餐厅草案，另一位设计师吉姆·杰克逊（Jim Jackson）首先提出，它的旋转应让每张餐桌都在怀厄奈山、钻石峰和威基基海滩（Waianae Mountains, Diamond Head, and Waikiki Beach）的 360°景观中缓慢移动。

随着设计的进行，其下部结构改为 23 层的写字楼，格雷厄姆的西雅图办事处，约翰·格雷厄姆公司开发了一个与

多特蒙德的佛罗里安塔相似的系统，其玻璃外墙保持固定，而容纳162位食客的环形室内用餐区围绕景观旋转。16ft宽的环形旋转平台围绕着一个包含电梯、洗手间、备餐间的固定核心旋转[12]，在这点上也和佛罗里安塔一样。拉隆德旋转餐厅（Le Ronde，法语"圆桌会议"）于1961年11月开业。像降落在现代主义风格的阿拉莫阿纳（Ala Moana）办公大楼屋顶上的飞碟，宣告了夏威夷观光业的蓬勃发展，标志着一个旋转建筑时代的到来。[13]

在此之前，小约翰·格雷厄姆被公认为擅长零售中心的设计，其1950年设计的代表作西雅图诺斯盖特（Northgate）中心被认为是战后购物中心的原型。他在耶鲁大学任教时，已对巴克明斯特·富勒提出的球形金属全景房有所了解。20世纪60年代初，"太空时代"的设计日益流行以及随之而来的各类国际博览会，给格雷厄姆提供了将富勒构想的未来结构付诸实践的机会。

太空针塔

"21世纪博览会"（the Century 21 Exposition）于20世纪50年代中期开始

加利福尼亚阿拉莫阿纳大厦顶部拉隆德旋转餐厅的徽标，约1965年

筹备，以庆祝北大西洋公约组织的壮大，并作为对冷战另一方不断增长的技术力量（苏联于1957年发射了第一颗人造卫星）的打压。它不仅反映了技术在日常生活中与日俱增的重要性，而且和过去的世界博览会一样，是一个为主办城市西雅图提升国际声望的重要机会。韦斯特恩酒店（Western Hotel）集团总裁爱德华·E·卡尔森（Edward E.Carlson），率领一个由公民领袖、策划者、赞助商和设计师组成的团队组织这次博览会，其主题为"新科学和泛太平洋世界"。

在1959年访问德国期间，卡尔森参观了斯图加特的新电视塔和餐厅，回到美国后他深信，对于西雅图博览会业也非常有必要建设一座标志性的高塔。当时约翰·格雷厄姆的工作室已经开始了展会标志物的设计，但其最终的形式是在卡尔森返回后才决定的。早期的版本由缆绳固定的气球状结构和"空中鸟笼"（space-cage）平台组成，100ft（30.48m）高的支撑结构横跨在水池和喷泉上。通过华盛顿大学的维克多·史坦布律克（Victor Steinbrueck），以及格雷厄姆事务所的约翰·里德利，亚特·爱德华兹（Art Edwards）等人的几次反复讨论，概念方案的高度增加了，其塔顶结构也更简洁苗条。建筑师提议在塔顶设置全尺寸的天文模型，以回应格雷厄姆鼓励他们"保持飞碟状"[14]的建议。工程基础开工于1961年4月，浇筑了467辆卡车混凝土。第二年，工人们在强风和寒冷刺骨的冬天将147000磅（约67t）钢材用于工程中。

针尖之眼餐厅高达630ft（约192m），位于塔顶下层平台之上。其旋转平台转动非常平稳，以至于"连桌上酒杯里的马丁尼都不会有任何涟漪"，可为250位客人提供卡座或钢管骨架、现代风格的座椅，每位客人都可通过装有染色玻璃的倾斜窗四目远眺。[15] 固定的中心部位内设有一个厨房和电梯厅，餐厅屋面上设有露天观景台和纪念品商店。

太空针塔建筑
及景观概念方
案，1960年

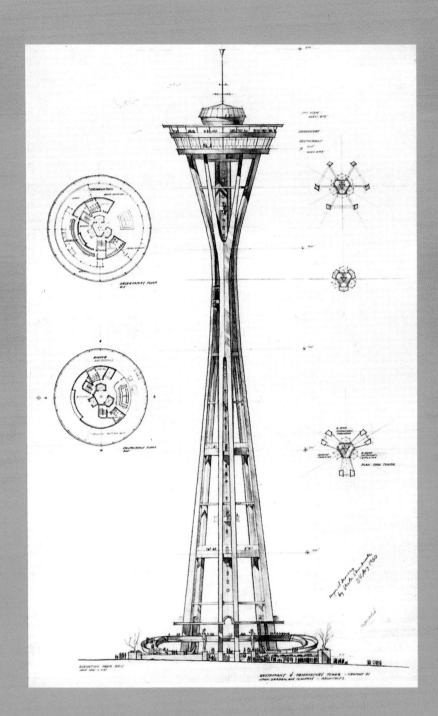

1960 年 8 月 维
克多·史坦布律
克绘制的太空针
塔方案图，此时
塔的主题设计
已经非常接近
其最终的设计，
但塔楼部分结
构后期得到了
进一步完善

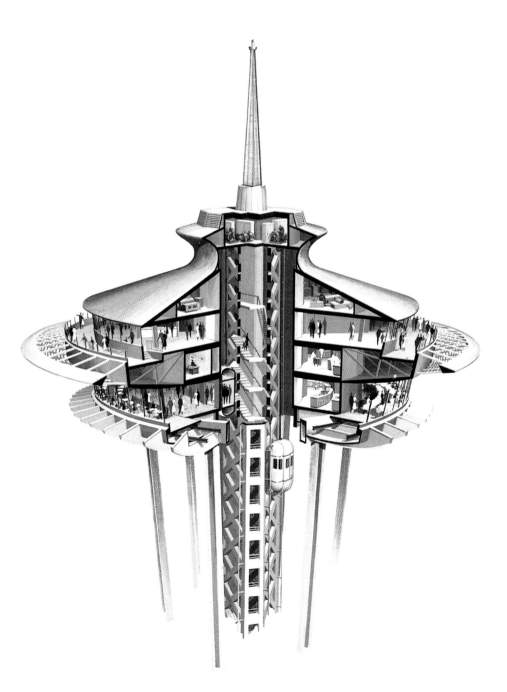

太空针塔实施
方案的剖透视
图，餐厅位于
最底层外缘，
同层中心部位
设置厨房，餐
具清洗和备餐
间在餐厅上层

左：建设塔顶结构，1961 年 10 月
右上：正在进行的旋转餐厅层装配工作，1961 年 12 月
右下：已完工的太空针塔顶旋转餐厅，1962 年 4 月

窗外设有环形遮阳百叶，百叶下方的放射状钢悬臂支架由女儿墙向外延伸。它们共同构成一个标志性的前卫设计风格，使人联想到土星的光环和通常在科幻电影中出现的激光射线枪的尾部。

太空针塔是这届博览会主题"太空时代的人类"最有力的表达。同其他景点——卫星跟踪站、有着月球主题弹球机的游乐中心一起，这座"天文馆"似的太空针塔及其旋转餐厅，展示出了一个由资本主义和高科技以及地外扩张联姻所产生的繁荣的未来景象。虽然太空针塔所采用的设计语汇反映了其所处的时代，但在其最终设计中仍能看到早期著名高塔的影子。在这一点上，同样采用向上延伸的钢结构腿部支撑中部钢网架的太空针塔，更像是古斯塔夫·埃菲尔 1887 年巴黎杰作在形式和功能上的升级版本。

太空针塔和针尖之眼（Eye of the Needle）餐厅于 1962 年 4 月博览会开幕前完工。尽管等待时间往往超过两个小时，但展会期间还是有成千上万的游客涌上观景台和旋转餐厅。全世界范围内无数媒体报道了太空针塔。猫王艾尔维斯·普莱斯利在 1963 年他主演的电影《猎艳情歌》（It Happened at the World's Fair）中，和他的约会对象就是在太空针塔上共进晚餐的。它成为西雅图的永久地标，并拉开了 20 世纪

美国加利福尼亚针尖之眼餐厅室内，约 1962 年明信片

60 ~ 70 年代间旋转餐厅风靡全球的序幕。其特有的布局模式也为许多后来者所效仿。无论是 1976 年建成的多伦多电视塔，还是 1996 年的拉斯韦加斯云霄塔（Stratosphere），甚至 2001 年的中国澳门旅游塔，都采用了这种三条腿向中心集中并向外弯曲来强调顶部，加强刺入云霄的效果。这种经典设计使人联想到喷气式飞机优美的飞行凝结尾迹和符合空气动力学的流线造型。

空中旋转餐厅的理念在前联邦德国、澳大利亚、檀香山、西雅图等地蔓延开来。位于德国的高塔成为新的旅游景点，其成功促成了持续几十年的空中旋转餐厅建设浪潮。在这个时期内，许多项目遵循阿拉莫阿纳大厦的模式，将旋转餐厅置于酒店、写字楼甚至工业建筑的屋顶。但在澳大利亚卡通巴景色优美的山

顶，投资人建造起独立的观景旋转餐厅，并采用缆车这一新奇的交通方式。佛罗里安塔、天景塔（Skyview）、亨宁尔塔、阿拉莫阿纳大厦和太空针塔，全都在 1962 年前后开始营业，随后出现的几百个旋转餐厅都以它们为榜样。在很长一段时间内，这类构型的发展一直保持着惊人的一致性。

旋转餐厅类型的发展

大多数旋转餐厅像个建筑藤壶。❶它们依靠在其他"宿主"建筑上或自然环境中，靠"宿主"（host）提供必要的高度、吸引顾客，实现设计意图。作为"宿主"的建筑或场地通常是以下三种主要形态之一：垂直悬臂式塔（该类型的超级巨星）、商业和工业建筑物以及山巅。塔一般建在像尼亚加拉大瀑布这类拥有大量观光客的自然奇观旁，或作为博览会的组成部分，提供观景平台、有吸引力的餐厅和醒目的标志，例如得克萨斯州圣安东尼奥的美洲塔（the Tower of America）。其他的塔首要用途则是电信传播，旋转

餐厅和观光平台只是辅助收入来源。

早期源自德国电视塔和太空针塔的独立结构塔大都采用钢筋混凝土塔身，配以随着高度增加逐渐缩小的圆形或径向支撑。其底部要么是隐藏在地面层支撑结构中的倾斜的脚部，或者是完全在地面以下的基础。交通核中包括楼、电梯，以及所有必需的电缆、管道和系统。至于塔的顶部，则为发射台、微波接收器、其他电子设备，以及观景厅、办公室、厨房和餐厅等提供使用空间。塔楼部分可以设计成各种形状，直或斜外墙的球形、桶形、碟形都有可能，甚至有些设计中包含有多个塔楼。

20 世纪 60 年代间，新建成的塔和餐厅多位于欧洲。建成于 1964 年奥地利维也纳的多瑙河塔（Donauturm 或 Danube Tower），塔楼内部有两家旋转餐厅。3 年后，莫斯科 1700ft（约 518m）高的奥斯坦金诺电视塔（Ostankino Tower）建成。德国汉堡的海因里克·赫兹塔（Heinrich-Hertz-Turm）1968 年开放，4 年后，慕尼黑奥林匹克公园中央标志物奥林匹亚塔（Olympiaturm）落成。在北美，尼亚加拉大瀑布云霄塔（Skylon Tower）及餐厅 1965 年建成，卡尔加里塔（Calgary）1967 年建成。圣安东尼奥的 1968 年世界博览会上，美洲塔建成。20 世纪 70 年代和 80 年代间，全世界各地至少有十几座高塔及其旋转餐厅相继建成，

---

❶ 藤壶（Balanus），甲壳纲，藤壶科。藤壶是附着在海边岩石上的一簇簇灰白色、有石灰质外壳的小动物。它的形状有点像马的牙齿，所以生活在海边的人们常叫它"马牙"。藤壶不但能附着在礁石上，而且附着在船体上，任凭风吹浪打也冲刷不掉。藤壶在每一次脱皮之后，就要分泌出一种黏性的藤壶初生胶，这种胶含有多种生化成分和极强的粘合力，从而保证了它极强的吸附能力。

对页：多瑙河塔塔楼设计效果图

对页：多瑙河塔塔楼设计效果图
左上：奠基典礼上的多瑙河塔模型
右上：多瑙河塔的设计建设团队在旋转平台构架上，
1964 年
左下：多瑙河塔旋转餐厅地板下方的转轮，1964 年
右下：多瑙河塔开幕当天，1964 年

左：俄罗斯莫斯科的奥斯坦金诺电视塔，2006 年

下：德国慕尼黑奥林匹克公园内的奥林匹亚塔，照片前景是公园中体育场采用的张拉结构屋面

近年来则集中在中东和亚洲范围内。

位于建筑屋顶上的旋转餐厅和那些引人注目的塔顶餐厅相比显得有些平淡。其主体建筑通常与旅游业有关。酒店、会议中心、购物中心则偶尔用旋转餐厅作为对他们主业的一种补充。万豪、拉迪森和假日（Marriott, Radisson and Holiday Inn）等集团都建有附带旋转餐厅的酒店。建筑师和开发商约翰·波特曼（John Portman）在他的1967年亚特兰大凯悦摄政酒店（Hyatt Regency Atlanta）设计中得到了凯悦集团的肯定。在这个项目中，他将一组有感染力的建筑集成在一起以复苏城市酒店，通过开发将游客和当地人吸引回市中心。该设计开创了宽敞的内部中庭这种新的室内空间形态。沿着中庭一侧迅速升降的玻璃观光电梯，将地坪层和屋顶上引人注目的飞碟形旋转餐厅连接在一起。波特曼最近回忆说："从一开始，我们首要关注的就是创造人们喜爱的空间。我们的目标是酒店的环境要给人非凡的感受，从而达到高入住率。为了增加酒店的销路，我们希望提升餐厅的本地消费者比例。因此，将屋顶餐厅作为一个重要目的地来设计是非常有意义的，来用餐的客人首先乘坐中庭的玻璃观光电梯，之后等待着他的是亚特兰大第一座可以360°旋转的餐厅所提供的，整个城市尽收眼底的壮美景观。"[16]

随后数十年中，凯悦和其他世界各地的酒店经营者一再重复建设着波特曼式中庭和餐厅的各种变种。同时旋转餐厅也出现在商业办公楼宇上，在一个特殊案例中，甚至出现在哥伦比亚南卡罗来纳大学的一栋600床位的宿舍楼顶上。[17]

在成功的设计中，旋转餐厅往往和其附着的主体建筑浑然一体，给人美的享受。例如，1976年建成的加拿大不列颠哥伦比亚省温哥华海港中心大厦（Habour Centre Tower），碟形餐厅位于屋顶一侧正中，下部是在尺度和比例上协调一致的对称建筑立面。餐厅具有足够的广告效应，吸引着街道上的潜在顾客，同时又照顾到了主体建筑风格。在另外一些设计方案中，旋转餐厅被置于建筑物内，通过弧形凸出于主体建筑来为地面上的人们标示出其位置，并为内部顾客提供广阔的视野。

从室外看的话，只能通过窗框或幕墙的微小变化分辨出圆柱形酒店及写字楼内部的旋转餐厅。例如约翰·波特曼1976年设计的，70层高的亚特兰大威斯汀桃树广场顶部餐厅（Westin Peachtree Plaza）。之后一年建成的马来西亚梅纳拉·墩·穆斯塔法大厦（Menara Tun Mustapha Building）采用了一种非常规的手法，它的"情调餐厅"（Atmosphere Restaurant）位于建筑物立面的中点上。虽然从设计上牺牲了突出强调餐厅外部形象的可能，但

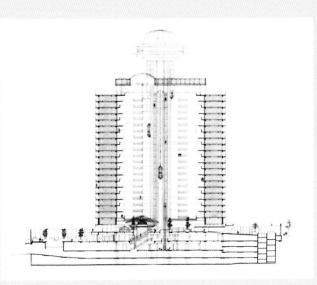

右：温哥华港湾中心大厦，旋转餐厅是建筑立面的核心元素

最右：香港富丽华酒店（Furama Hotel）的拉龙达（La Ronda）旋转餐厅，设在顶层弧形凸起内

下：马来西亚亚庇（Kota Kinabalu，马来西亚沙巴首府，北婆罗洲西北海岸港口城市）的梅纳拉·墩·穆斯塔法大厦，30层的圆柱形塔楼，建筑立面正中间设有一个旋转餐厅

是从结果上看，其整体性远超于传统的"屋顶分离舱"（rooftop pod）式布局。

旋转餐厅的支撑结构不完全是电视塔、酒店或写字楼。事实上，对支撑结构的唯一要求是有足够的高度，提供良好的视野和公众形象。像亨宁格塔一样，新加坡百龄麦旋转酒楼（Prima Tower，1977 年）建于港口附近的混凝土粮食筒仓顶部。在冰岛首都雷克雅未克（Reykjavik），珍珠（Perlan）旋转餐厅坐落在原用来存储温泉水的六个超大型罐体上。餐厅外部巨大玻璃穹顶的优雅造型和下部圆形的纯功能性水利设施相得益彰。旋转餐厅在沙特阿拉伯和科威特也常见于蓄水塔上。1998 年在台湾台北建成的北投旋转餐厅绕在一座垃圾焚化炉的烟囱上，好似华丽的玻璃衣领。这个餐厅是一个更大的综合体的组成部分，包括操场、游泳池和焚灰称重台。

独立的山顶旋转餐厅不依赖于附属结构，就能提供优美并可供赢利的景观。它一般结构上有一或两层，专门服务于旅游观光市场，其渊源是 19 世纪那些通过缆车铁路到达有餐厅及酒店的观光点。[18]像城市缆车公司在线路终点建设游乐园，以提升周末赢利一样，空中索道投资商开发位于山顶的景点来吸引人流、促进消费。在阿尔卑斯山和全世界，这类景点越来越多，并且都以拥有旋转餐厅为主要特色。

上：冰岛首都雷克雅未克的珍珠餐厅，坐落在温泉储水塔上，2004 年
下：珍珠餐厅室内，2004 年

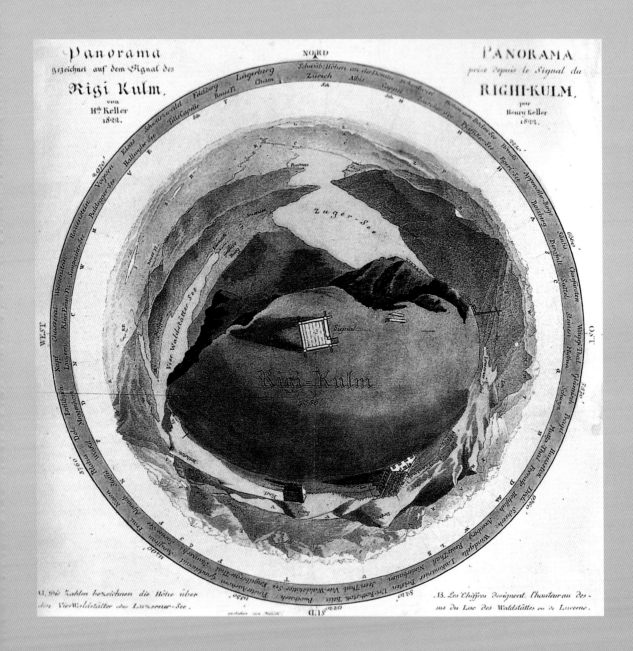

1840年插图，内容是瑞士阿尔卑斯山瑞吉库尔姆酒店的全景景观

虽然山顶餐厅所看到的景观同屋顶或塔顶餐厅是不同的，但它们的建造动机是一样的，即通过提供确保观景过程中完全不被打扰的、连续动态"移动"的壮美全景吸引消费者。虽然 1960 年建成的澳大利亚蓝山斯凯威（Skyway）餐厅似乎一直是第一，但 10 年之后，另一个欧洲的山巅旋转餐厅得到了更加无与伦比的名声和关注。

瑞士伯尔尼高原地区有一座 9748ft（约 2971.2m）的雪朗峰（Schilthorn），被其他 200 多座山峰环绕，景色壮美。长期以来一直是登山的热门目的地，但在 20 世纪上半叶，除了在山村莫伦（Mürren）设立登山铁路服务总站之外，各种试图开发这一地区的发展计划均遭失败。到了 20 世纪 50 年代晚期，随着架空索道技术的进步，以及直升机利用率的增加，促进了高海拔地区的建设技术水平，当地企业家开始重新考虑雪朗峰的建设开发。在莫伦出生的商人恩斯特·费斯（Ernst Feuz）领导下，一个本地组织获得了建设由位于谷底的斯泰尔堡（Stechelberg）到山顶的索道网络许可，工程于 1963 年开工，并于四年后完成。到雪朗峰全程包括沿途的 4 个中间站。在费斯绘制的索道原始草图中，他对除山顶站外的每个车站的设计都有自己的想法。到索道完成时，费斯的方案中已包括了在终点站的旋转餐厅。

雷蒙德·洛伊（Raymond Loewy）设计的雪朗峰缆车旋转轿厢，未实施

虽然 20 世纪 60 年代的阿尔卑斯山地区拥有近一打儿山顶餐厅，但雪朗峰这一个将是第一座可以旋转的。[19] 工程缓慢但稳步向前推进。同索道支撑塔还有两个海拔稍低的中转站一样，所有建材（混凝土、钢桁架、钢缆），以及工人都要靠直升机摆渡。施工地点夏天的温度有时甚至都在零度以下，工人们不得不在深深的积雪中工作。伯尔尼建筑师康拉德·沃尔夫（Konrad Wolfe）设计了由组合式预制构件组成的结构形式，可以吊运至基地并现场拼装。然而工程进行到一半时，费斯和他的合伙人花光了所有钱，于是不得不停工。

大约在同一时间，1968 年 1 月，007

左：詹姆斯·邦德和邦女郎在凯莱峰餐厅露台上玩冰壶

右：影片制作人阿尔伯特"卡比"布朗克里(Albert "Cubby" Broccoli) 和恩斯特·费斯在凯莱峰餐厅露台上协商，1968 年

新片《女王密使》(On Her Majesty's Secret Service，也译作《铁金刚勇破雪山堡》) 制片人休伯特·弗洛里奇 (Hubert Fröhlich) 正在整个阿尔卑斯山区寻找一个与伊恩·弗莱明 (Ian Fleming) 原著小说中虚构的缆车和山顶站相称的取景地。最后，弗洛里奇碰到了恩斯特·费斯，并听说了雪朗峰项目。见面 24 个小时内，他们就签署了一份电影将在餐厅内取景拍摄的合同，交换条件是电影制作方提供财政援助完成工程建设。由于餐厅的室内装修尚未完工，弗洛里奇得以更改其设计，适应电影的需求。山顶站于那年夏天完工，在 10 月至 12 月间，电影于此拍摄完成。

《女王密使》是关于温文尔雅的英国特工 007 的第 6 部电影，也是乔治·拉赞贝 (George Lazenby) 替代肖恩·康纳利 (Sean Connery) 出演的第一部 (也是唯一一部) 007 电影[20]，影片中邦德的死对头恩斯·布罗菲尔德 (Ernst Blofeld，由特利·萨瓦拉 (Telly Savalas) 饰) 企图将几个妇女洗脑，将她们分派到世界各地，传播病毒，掌控世界。整个雪朗峰上的设施，包括缆车站及未来的餐厅，都被作为以凯莱峰 (Piz Gloria) 疗养中心为掩护的、布罗菲尔德的秘密实验室。电影中多个场景都是以建筑为背景拍摄的，包括一场在缆绳和索道机械间的紧张打斗戏，一场冰壶比赛以及有众多滑雪者和直升机在内的定场镜头。建筑内部的大圆形房间在电

左：瑞士雪朗峰的凯莱峰餐厅，约
1970 年拍摄
下：凯莱峰餐厅室内，约 1970 年拍摄

日本筑波山旋转餐厅，2005年

影里是布罗菲尔德的起居室。在这里007装扮成一个苏格兰贵族，和布罗菲尔德"诊所"的女"患者"共进晚餐。

　　缆车站的基座主体是混凝土结构，锚固在岩石表面上，主要功能包含一个供缆车装卸货物的卸货区，以及洗手间、办公室和其他服务区。往上是环绕在圆形餐厅底座周围的正方形观景平台。单层基座由主观景台中心向外伸展，支撑着多边形的餐厅。外墙原创性地采用了铝挂板和玻璃，建筑最上方是有大屋檐的巨型锥形屋顶。直升机场、餐厅和平台间通过一条人行道联系在一起。

　　电影拍摄完成后，费斯立即将凯莱峰内部改造为向公众开放的餐厅。当时的照片中，可以看到室内空间很开放，位于中部的交通核包含有一张吧台、一些桌子、壁炉，以及通往下部的楼梯。围绕着核心筒的环形旋转平台上有一些样式简单的桌椅。餐厅1969年7月开业，名称仍为凯莱峰。从一开始，费斯和他的团队就意识到了它与邦德品牌的联系，及其主题宣传效应所蕴涵的价值。杯垫、餐垫、菜单、宣传册和礼品店中无数的纪念品都与餐馆在电影中的扮演角色有关。著名的007标志被刻在站台的墙壁上，小型直升机场下方的展览空间则不停地播放着电影剪辑片段。

雪朗峰旋转餐厅开业后的几年，随着在世界各地的宣传，阿尔卑斯山增建了另外三座旋转餐厅。在阿根廷的巴塔哥尼亚地区（Patagonia region），该国唯一的旋转餐厅落成于安第斯山脉的最高峰塞罗奥托峰（Cerro Otto）。其他一些山顶的旋转餐厅包括日本筑波山（Mount Tsukuba）山顶的一座，和印度穆索里（Mussoorie）喜马拉雅山麓的"印度避暑山庄"（Indian Hill Station）。

无论是在塔顶，购物中心屋顶，或是山顶，所有的旋转餐厅都有光滑闪亮的玻璃外墙。为减少反射，给用餐者更舒适的观赏角度，其结构侧轮廓常常是倾斜的，富有速度感。绿色、金色和紫色的有色玻璃偶尔被用来作为立面设计的补充。幕墙的形式一般是最常见的垂直竖框，但也有一些是菱形分格。除少数特例外，这些餐厅的外部玻璃幕墙都是固定的，只是内部旋转平台旋转。

虽然旋转餐厅的设计和其支撑结构形式可分为若干种，然而其内部空间看上去差别很小。这在20世纪70年代以后许多旋转餐厅由连锁酒店经营后尤为突出。小说家杰夫·尼科尔森（Geoff Nicholson）20世纪90年代发表于《纽约时报》上的文章，描述了两个在设计上惊人相似的旋转餐厅。他首先在加拿大多伦多的威斯汀港口城堡酒店（Westin Harbour Castle Hotel）进餐。尼科尔森写道："之后，当我进入位于曼哈顿市中心万豪侯爵酒店（Marriott Marquis）的第二个旋转餐厅'风景'（The View），参加鸡尾酒会时，我惊呆了。这里的尺度、布局、外观以及感觉和多伦多那个都完全一样，我觉得好像我在《外星界限》（Outer Limits）的某一集里。"[21]

旋转餐厅室内布局上的雷同，部分归因于它们都使用了环形旋转平台的模式。圆形的平面和围绕着固定核心筒旋转的旋转平台，确保顾客可以享受不被建筑其他部分所遮挡的景观。餐桌通常沿旋转平台径向排列，让所有食客可以面对观景窗。在环形旋转餐厅中每个座位在视野上是均好的，在这方面餐桌之间完全一致，都会转至与厨房或是盥洗室入口相邻。核心筒由各类电梯、楼梯、休息室、备餐间和储藏间组合而成。这种布局将配套设施集中安排，避免出现复杂的旋转或对接装置。由于核心筒内部空间极为有限，或是受建筑法规的限制，厨房设施往往被置于相邻的楼层、地面层，或是仅提供简餐服务。

外立面全玻璃幕墙，由固定的、空间有限的核心筒和外围转动部分组成的圆形平面的标准组合，是对室内设计师创意的巨大挑战。通常室内设计也会尽量

避免与窗外的景色竞争争夺客人的眼球。图案和色彩过于繁复招摇的装修都被认为有损于餐厅的主要特征，而且可能映射在玻璃上从而影响观景。有些设计采用低背卡座，有的采用非固定式餐桌。当空间允许时，桌子围绕圆心摆成内外两圈（内圈通常比外圈高出一两步台阶的高度），这种设计带来的部分变化，以求打破室内空间的单调、连续及无差别性。

虽然环状旋转平台是最常见的，但还是有一些餐厅效仿澳大利亚的斯凯威餐厅模式，其特点是整个餐厅地板为碟形，全部旋转，没有中间的固定部分，它更像一个餐桌上的转盘，而不是传送带。厨房、卫生间等服务空间均位于一旁，因此这部分的设计更为传统。这种整体旋转平台的设计往往用于餐厅被整合进建筑整体形式，并且景观面小于 360° 的条件下。[22]虽然采用这种碟形旋转平台的餐厅室内更宽敞，而且视线更通透，但其缺点也很明显。靠近中心的餐桌与外围餐桌转动的速

率不同，会使人失去方向感。中心区的视线也会被外圈就餐的人阻挡。最重要的是，整体旋转的就餐空间会分散食客的注意力，将视线更多地引向室内而非室外景色。

从技术上讲，这两种旋转平台形式都算不上复杂：二者均由低输出电电机驱动，其滚轴的机械部分复杂程度和橡胶滚轮驱动的钢板传送带差不多。旋转餐厅很少由区域承包商施工，但在 20 世纪 60 年代的蓬勃发展时期，有一个公司在其设计和建造领域成为"领军人物"。总部设在康涅狄格州的马克坦公司（Macton Corporation）的第一个作品，是 1947年为长岛琼斯海滩游艇俱乐部（Jones Beach Marina）所做的旋转舞台设计。他们的钢制旋转平台最终被全球近 100 间旋转餐厅所采用。近些年来，随着旋转餐厅新的增长点向东方转移，如总部在沈阳的维忠等一些中国公司已成长为旋转餐厅机械制造的主要力量。

无论定制设计或是由主要生产商提供的常规产品，所有餐厅的旋转平台必须在顾客身体感受不到的前提下转动。餐具的响动、脚下吱吱作响的机器，甚至是玻璃杯中的轻微涟漪都是不可接受的。从业公司发明了一种非正式方法来评估旋转平台的平稳度。将点燃的香烟直立在盘子上，或在餐桌上立枚硬币，如果经过几圈旋转后，烟灰仍在香烟上不掉，或者硬币不倒，那么就算合格了。[23]

旋转餐厅往往同位于其他楼层的商业设施集中在一起。例如，固定观景平台、酒吧、咖啡厅、礼品店、展览空间等，它们为观景提供了更快、更便利的选择。在一些地方，这些楼层靠固定核心筒内的旋转楼梯相连，面积较大的观景平台同时也作为餐厅的等候区。还有一些餐厅和观景平台面向不同类型的顾客，约翰·厄普代克（John Updike）写于1986年的小说（罗杰斯出版社版本（Roger's Version））中有一段精彩描写。该书的中年主角由地下车库开始他的旋转餐厅之旅："电梯升至地面层，形形色色的旅客涌入电梯：抓着旅行指南和相机、脚踩旅游鞋的游客去往观景平台；穿着浅灰褐色薄西装的商人奔向价值不菲的午餐……于是我们步出电梯，观光客们直奔景观平台和纪念品商店，耳畔一个像葬礼司仪的声音不停地讲述着城市的历史，踏上360°餐厅寂寂的钢蓝色地毯，面前是天鹅绒的栏绳，属于丛林的蕨类植物，轻轻的刀叉相击的叮当声，还有俯瞰60层下街区和公园的落地窗。"[24]

未来派设计和主题化

一次旋转餐厅之旅不仅只是一个愉快的夜晚。当然，最重要的体验是在高空的旋转楼层上进餐。除了名称——拉伦德、360°、景观餐厅、旋转木马等，或是餐厅的标志和巧妙命名的菜肴外，

许多餐厅都没能增强这种体验。而有些餐厅则整合了入口、电梯、室内设计以及家具装潢、服务人员统一制服等，在每个细节内融入并体现着统一的主题，给顾客更加享受的体验。

像迪士尼乐园的主街（Main Street）或20世纪50年代后出现的新型快餐店一样，叙事性的力量也反映在旋转餐厅中，人渴望听到一个故事，成为故事的一部分，并感到与一个特定的时空联系在一起。它们提供了一个逃离日常生活的机会。建筑师罗伯特·文丘里（Robert Venturi）、丹尼斯·斯科特·布朗（Denise Scott Brown）和史蒂夫·艾泽努尔（Steve Izenour）在他们颇具影响力的、对拉斯韦加斯地带的研究中指出："游乐区建筑形象的要素是轻盈、像沙漠中的绿洲一样完全凸显于周边环境的超高标志性，吞噬游客并赋予其新角色，带他们从日常生活的现实中逃离。"[25]

旋转餐厅最常见的主题是高科技、未来主义和太空旅行的大杂烩。无论对于西方或东方集团，第二次世界大战后都可称之为太空时代。大众对太空飞行、火箭，以及乌托邦式的星际探索梦想的浓烈兴趣，反映在汽车设计中，在电视节目上，甚至出现在加油站的檐篷上。从太空针塔的设计开始，旋转餐厅的设计师们就完全顺应这一趋势——宣传刊物将它们描述为"银河金针"（"Galaxy Gold"），而

"轨道橄榄树"和"赤红飞碟"（"Orbital Olive"、"Re-entry Red"），分别指像发射架和准备发射的火箭一样的下部塔体和飞碟一样的塔楼。当全世界都在期待火箭背包、水下度假村、月球殖民地之时，食客可以登上正在旋转的餐厅先行体验未来。这类景点往往带有些美国宇航局之于中美洲，或"东方号"（Vostok）之于阿拉木图（Alma-Ata）的韵味。❶

由于这种对太空旅行文化需求的共同选择，设计师们力求令访客感觉，只需一个小时，他们就将成为未来时代的一部分。穿过高科技风格的入口，现实将被遗留在身后，即将踏入的是一个无法预测的未来。入口门廊和带着食客飞速上升的电梯远离地面上的俗世，进入上方圆形餐厅内的理想世界。英国邮政局大厦纪念品小手册中的介绍，是对这一旅程的经典描述："访客步入两部高速电梯之一，开始一场小型的太空之旅。轿厢带着他平滑上升，通过塔的正中心，来到鸟瞰整个伦敦的巨大玻璃窗前。"[26]

在云层之上的玻璃幕墙大楼中生活这个梦想并不新鲜。[27] 在 20 世纪，生活在天空中，是未来学家、幻想和通俗科幻作家、建筑师、空想理论家和电影导演们共同的主题，他们认为在不久的将来，住宅、办公室、宇航中心甚至整个城市都将坐落于纤细的柱子顶上。[28] 隐含在这些愿景背后的，是对遗弃被污染的地表，在与世隔绝的空中高科技乌托邦中重新开始的渴望。大多美国战后旋转餐厅都是企图遏制中心城区衰败的现代主义都市更新计划的一部分，它们许诺一个充满希望、令人兴奋的未来，或者至少是跟上当前的时代，这绝非偶然。讽刺的是，这类大规模的重建项目，往往只留下启动期修建的高速公路和巨大空旷的地块，从空中几乎没有任何视觉吸引力。

虽然表面上旋转餐厅是进餐场所，饮料、食物必不可少，然而不可或缺、甚至比主要功能更为重要的配备是景观，特别是在开业的最初几年。自然和人造景观被餐厅的高度和到达仪式衬托得分外妖娆。人们可以在厚厚的玻璃窗内观察脚下的世界，远处低沉的汽笛和喇叭声也被阻断，只是隐约可闻。旋转餐厅不仅给观光客提供了一个明晰的旅游指南，也为本地人提供了一个新的视角。

然而，不同的旋转餐厅位置不同，让我们来设想一下没有壮丽景色的情景。正如《纽约时报》评论指出的："斯坦福市中心旋转餐厅的灵感肯定仅仅来自于好奇心，想想看铁轨、仓库以及康涅狄格州收费公路慢慢在你面前展现是何种情景！"[29]

---

❶ 阿拉木图为苏联时期哈萨克斯坦首府。东方号为苏联发射的世界首枚载人航天运载火箭。1961 年 4 月 12 日，东方号将历史上第一位航天员尤里·加林送上太空。东方号在哈萨克斯坦境内的拜科努尔航天发射中心发射，因而阿拉木图市民对其反响更大。

在约翰·厄普代克的小说中虚构的旋转餐厅俯视着："衰败的砖砌老商业建筑群和包裹着焦油、磨损严重的高速公路，让人觉得它们的伤口正在慢慢扩大。"[30] 如果这样的话，我们只能说单纯地在移动中用餐可能也具有足够的吸引力。

被视作身份象征的旋转餐厅

由于总是和未来主义、科学进步与技术实力联系在一起，因此旋转餐厅从诞生之日就是成就与地位的标志。旋转餐厅（尤其是那些位于 500ft 高塔之上的）被视为一个国家或城市是否能跟得上时代的象征。在 20 世纪 70 年代佐治亚州政府的系列竞选广告中，就曾出现过约翰·波特曼设计的酒店旋转餐厅，以表明该州是现代化美国的重要部分。这些广告中的一则问道："乡巴佬？不，你绝不会在令人赞叹的亚特兰大天际线（Atlanta Skyline）塔顶旋转餐厅中，见到他们正在那里用餐。"[31]

对于世界各地的新兴区域，例如后殖民时代的非洲国家、"亚洲四小龙"地区和原属苏联共和国的中亚地区等地，旋转餐厅都是进步的象征。20 世纪 60 年代和 70 年代期间的非洲，那些由来自各个部落，有着截然不同语言和历史的人们新组建的国家无一不考虑建设像带有旋转餐厅的高塔或宏伟的宫殿等大型项目，甚至是整个新的度假城市或首都，

以将其作为形成新的国家认同感的手段。一些非洲国家和发达国家都将其视为相当有意义的举措，可以使新公民们围绕着它们，克服分歧并凝聚在一起。谈到这些项目，包括位于扎伊尔，还未完成的高塔和旋转餐厅，《纽约时报》指出："最重要的是压倒一切的政治，这是因为几乎所有的非洲国家都是民族联合的产物。在所有这些试图融合并形成新的国家认同感的尝试中充满各种争斗，威信往往比计划更重要。"[32] 在缓缓转动的平台上，游客们可以全面审视城市是如何迅速扩大，给地面的景观带来巨大变化的。无论是北美的私人投资者和开发商，抑或东欧集团国家的中央计划委员会，旋转餐厅服务于所有意识形态，并能适应任何叙事，其中最具象征性的重量级塔和旋转餐厅是东柏林电视塔（Fernsehturm）。

瓦尔特·乌布利希（中）和其他前民主德国政要在新电视塔和提利卡菲餐厅的开幕晚宴上，1969 年

1969 年 10 月 3 日,前民主德国国家主席瓦尔特·乌布利希(Walter Ulbricht),连同其他几个共产党要人,来到新完工的电视塔顶提利卡菲(Telecafé)餐厅用晚餐。经过五年的规划和建设,他们的聚会标志着 1120ft(约合 341.38m)高的电视塔正式投入使用,同时这一事件也使他们认为自己在战后与西方的竞争中迈进了一大步。电视塔的身影在整个被分裂的城市中若隐若现,既是一个将广播电视信号覆盖整个柏林的实用工具,同时也是前民主德国进入现代化及彰显其技术力量的一个政治符号。[33]

东柏林电视塔的锥形混凝土塔身由两层高的地面层入口展厅向上延伸,入口展厅的折板结构混凝土屋顶形式采用翅膀或火箭尾鳍的意象。其内部的门、楼梯栏杆和其他装饰构件都选用了令人联想到塔顶旋转餐厅的圆形或球形图案。塔顶高出地面 650ft(约 198.12m),直径 105ft(约 32m),内有 7 个楼层。外饰面采用带有金字塔形浮雕图案的不锈钢板覆盖,其外观无疑旨在模仿"伴侣号"(Sputnik)——1957 年由苏联发射的人类第一颗人造卫星。[34]其内部有一个封闭的固定观景平台,而提利卡菲餐厅在平台上一层。再往上的楼层是电视和无线电设备机房,不向公众开放。

每位游客在电视塔内都会感受到以结构为中心的科技、太空主题,室内的各项功能和空间都在强调着这一点。一楼展馆向公众开放,符合空气动力学的售票处将游客引向圆形的电梯大堂,大堂内倾斜的墙壁和完全程式化的灯具散射出的柔和灯光使大堂看起来就像一个地下室。通过剥夺游客将自己定位的感官线索,抵达塔顶后第一眼见到下方景色的体验被大大增强。餐厅的环形旋转平台上餐桌沿径向放射状排列,最初布置的固定餐位可供 200 名顾客同时进餐。一幅描绘银河系的大型玻璃马赛克壁画位于楼梯隔墙上,服务生制服也以空姐制服为蓝本,成为空间内最终的润色。

当他们的餐桌沿着倾斜的玻璃每半

左上：提利卡菲餐厅开幕宣传手册里的
插图，1969 年
左下：提利卡菲餐厅服务生制服，以空
中小姐制服为蓝本，1969 年
右：柏林电视塔是东柏林亚历山大广场
区域战后复兴计划的一部分

小时转一圈时，乌布利希博士和他的客人们观赏到了这个分裂城市的全景。大量空地和被清理的战后废墟。还有更刺眼的柏林墙造成的疤痕。在 20 世纪 70 年代末 80 年代初到过这里的游客还能记起当时桌子上的地图里，柏林墙的外边是一片空白。[35] 但在那个开幕之夜，食客们的注意力肯定都集中在这个重塑柏林中心区的新建筑上。和在美国的许多设有旋转餐厅的建筑物一样，柏林电视塔是一个更大规模城市更新计划的主要内容。电视塔被认为是一个从未实现的高层政府建筑的较为合适的替代品。通过成功解决建造这样一个建筑物的种种技术挑战，前民主德国领导人意图表明他们可以赶上，甚至超越西方。这座耸立在冷战中央战场上的电视塔及旋转餐厅与高科技和太空旅行紧密联系在一起，代表着前民主德国试图让对手和本国公民意识到的经济和技术活力。

　　近些年来，各国政府仍把旋转餐厅作为提高知名度和威信的重要建设项目。这其中最为雄心勃勃的无疑是在朝鲜平壤的柳京酒店（Ryugyong Hotel），这一项目由 1987 年启动。楼高 105 层，有 3000 间客房，外形类似于扁平并有些弯曲的金字塔，外幕墙采用镜面玻璃。在接近建筑顶部的地方几层碟形楼层悬挑于直线条的立面之外，内部容纳了 5 个独立的旋转餐厅。然而，1992 年该项目

朝鲜平壤，未完工的柳京酒店，顶层内部的 5 个旋转餐厅，2007 年

由于财政问题停工。从那时开始，这个巨大笨重的混凝土壳子成了世界上最大的烂尾楼，塔式起重机仍然废置在用地上（现外幕墙已完工，据称将于 2012 年 4 月对外营业，译者注）。从那时起，那些希望在平壤上空边观景边进餐的外国游客、商人和政客们只能勉强以高丽饭店（Koryo Hotel）45 层上的旋转餐厅当作替代品。[36]

　　近 30 年间，旋转餐厅建设浪潮由西方逐渐移至亚太地区，柳京饭店就是亚洲国家政府正在推进的一百多个旋转

上：钢结构旋转平台尚未安装
的维忠承建的旋转餐厅项目，
可以见到下方的支撑轮

右：钢结构旋转平台和地板安
装完毕后

中国上海，东方明珠电视塔

东方明珠餐厅内景

餐厅项目之一。20 世纪 80 年代中期后，北美和欧洲的旋转餐厅设施建设开始放缓，几近停滞，大多数新的旋转餐厅都建于中东、南太平洋和亚洲地区。随着中国经济的快速增长和城市化进程的加速，旋转餐厅已成为蓬勃发展的城市标志性景点。一些地方，例如北京和上海都拥有不止一座旋转餐厅。这些旋转餐厅和它们所处的建筑无论在其现代化程度、技术成就上都号称同西方并驾齐驱。

1986 年，中国企业家徐维忠在港口城市秦皇岛开了一家旋转餐厅。他意识到旋转餐厅将日益普及，并发现当时的旋转平台技术还有很大的改善空间。于是，他研制出一套新的旋转平台滚销齿轮驱动系统。1988 年，他申请了中国专利，并于三年后组建了一家生产这一系统的公司。总部设在沈阳的维忠旋转机械公司在组建十年内，已制造并安装了位于 15 个电视发射塔和 85 座高层建筑上的超过 100 家旋转餐厅。[37] 其中大多数位于亚洲，但公司也为阿尔巴尼亚、科索沃、沙特阿拉伯、埃及和乌干达等地的餐馆提供相关机械。维忠最知名的作品，可能也是全亚洲最知名的旋转餐厅，是上海的东方明珠空中旋转餐厅。

东方明珠于 1995 年竣工，塔身高超过 1500ft（467.9m）。是亚洲最大和世界第三高度的电视塔。3 个 9m 直径的圆柱形交通核形成了中柱，由下方大球体延伸至上方球体，中柱由下部球体伸出，向外扩展落在地面三条腿支撑。腿部向上伸展，回应结构要求由地面逐渐向上收拢，看起来就像用圆柱形混凝土建造的、膨胀过度的埃菲尔铁塔，而塔上的球体似乎仿自柏林电视塔。

虽然称之为电视塔，但东方明珠同时也是一个娱乐、购物中心，其球体内包含有几间咖啡馆和酒吧，一个迪斯科舞厅，会展空间、商铺和观景台，旋转餐厅位于上部球体内。像科威特塔、达拉斯的重逢塔（Reunion Tower）以及德黑兰的默德塔（Milad Tower）一样，餐厅的窗框被整合进覆盖着整个球体外表面的斜向网格内。东方明珠的室内空间在建筑面积、窗高以及层高等方面，比大多数旋转餐厅都更为宽敞气派。

需求式微

在旋转餐厅刚刚出现那些年，它们接待了各色人等：建筑和旅游专栏作家、城市规划师、环境保护学者、美食家和一般公众。所有的报纸都兴奋地报道各个新旋转餐厅计划，这似乎一半可以归为噱头，另一半则是"令人生厌的炒作"。[38] 20 世纪 60 年代和 70 年代它们在西方繁荣昌盛遍地开花，助涨了这种矛盾情绪，而这一概念也逐步由新生宠儿转化为陈词滥调。业主发现单独旋转不再足以吸引顾客，本地的回头客更是少得可怜。

《我并不渴望！》

阿兰·邓恩 1962 年发表在《纽约客》（New Yorker）杂志上的漫画，暗示了并不是所有公众都普遍迷恋旋转餐厅的概念（选自《纽约客 1962 合集》，catoonbank.com 网站版权所有）。

20 世纪八九十年代间，北美和欧洲的人们渐渐不再对旋转餐厅感到新奇，失望情绪逐渐占了上风。[39] 批评者宣称餐厅里的食物完全不受重视。价格奇高，在景观之上缓慢旋转的感觉也令人沮丧。归根结底，旋转餐厅就是个坑人的旅游陷阱。

有些人认为，旋转餐厅拥有最好的视野，不是因为其惊人的高度，而恰恰因为在内部看不到旋转餐厅自身。[40] 从地面上看，无论什么角度，高塔都矗立在那儿，强制性地作为背景出现在公众视野中。在发展中国家常常听到的一种批评是，旋转餐厅铺张浪费、穷奢极欲，只为富有阶层、外国人和商人服务。[41]

旋转餐厅在美国和欧洲度过其鼎盛期之后，有些人认为他们是最典型的媚俗产物。风格过时、形式老旧，它们那缓慢的旋转已经无法跟上飞速发展的时代脚步。旋转餐厅开始饱受冷嘲热讽。1997 年《财富》杂志上的一篇文章说道，旋转餐厅"像那些节日里必不可少的乐子，就像……愚人节"。[42] 这些看法也体现在那些将旋转餐厅作为荒诞场景的流行电影和电视节目中。1981 年拍摄的广受欢迎的印度电影《命运》（Naseeb）中，剧情的高潮就发生在一个旋转餐厅里，画面中满是穿着像斗牛士、马克思兄弟（Marx Brother，美国知名喜剧演员，五兄弟，活跃于 20 世纪三四十年代。

译者注）、查理·卓别林的反派黑派成员。影片最后餐厅的开放式旋转平台失控，内部起火，主角通过滑索逃生。伴随着代表着大反派自我放纵的强爵士乐，不义之财和餐厅一起被彻底摧毁。

一年后，加拿大的电视系列喜剧频道 SCTV 播出了一集短片，讽刺1974 年的灾难片《火烧摩天楼》（The Towering Inferno），片中受困的人们必须从一栋起火的摩天楼中逃生。[43] 在 SCTV 版本中，过度夸大灾难电影所使用的手法来获取幽默效果，故事发生在一座号称世界最高、最薄、造价最低的280 层写字楼的开幕之夜。这座虚构的建筑顶部设有一个核反应堆，以及"约翰尼核反应堆顶"（Johnny Nucleo's Top of the Reactor）旋转餐厅。当地电视新闻记者将之形容为"壮观和荒谬的经典结合"。开幕当晚建筑就燃起了大火，随后由于消防队员的小失误，导致餐厅被发射入太平洋上空的地球同步轨道。无论是电影还是电视剧，都将旋转餐厅作为技术滥用导致灾难的案例。在这些故事中，旋转餐厅的建设者和那些推动者好高骛远，损失惨重，付出了很高的代价。

旋转餐厅出现的第一个十年中，它通常被认为是一个城市的骄傲，象征预示着充满活力的未来。旋转餐厅给电视塔和建筑物加冕，在经济萧条、人口建设的年代里为美国城市投上了的增强信心的一票。在欧洲，它们和针形的电视发射塔代表着战后复兴和技术进步。对于世界各地的新兴国家和城市，它们则仍是地位的象征。

第二次世界大战后是旋转商业建筑建设史上最高峰的时期。在此期间，剧院中的旋转舞台和观众席的建设数量也超过之前的建设总量。可旋转的设计提供了一种体验世界的新途径。通过一小时的鸟瞰观察，旋转餐厅可以大大缩短观光客的行程。当旋转剧院将剧作家、舞美设计师、演员和观众们从传统的镜框式舞台中解放出来时，战后剧场的旋转舞台在 21 世纪初的基础上进一步发展，取得了更大的进步。与此同时，旋转住宅的设计师们也在不断探索满足个人愿望、可以吸引潜在客户的新的功能与形式，使旋转住宅和高层建筑成为普通平常的建筑形式。

第四章
战后旋转住宅

当 20 世纪 40 年代的美国人开始思考战后时期的生活时，一些建筑师和发明家开始研究适合未来发展的新的住宅形式。他们提出采用新的预制加工方式"生产"住宅来满足战后的巨大需求。有远见的设计师，如巴克敏斯特·富勒，开始使用新材料和新的结构形式，探讨机械化加工和生产的可能性，并投身到可以大规模生产、易于运输、在某些情况下可以旋转的高科技未来住宅的研究中。战后出版的杂志文章、书籍和电影都预测新型住宅将与传统形式大相径庭。1944 年，《芝加哥论坛报》写道："旋转住宅是我们可能预测的新事物之一。"[1]

一些人认为这些新住宅会被美国社会各阶层广泛接受。1946 年出版的唐纳德·哈夫(Donald Hough)的漫画小说《象驼鹿》(The Camelephamoose)是关于从第二次世界大战战场回来的士兵开始适应战后商业文化的故事，其中一个角色宣称"我们将进入有史以来最伟大的生产与销售时代"；"在新住宅——新的旋转住宅里，顺便说一下，它们已经开始销售了——所有东西都是塑料或是别

的什么东西制作的。"[2]之后，一个角色被发生的变化和看起来自相矛盾的组合术语激怒了，说道："这见鬼的旋转住宅到底是个什么玩意儿？"[3]

作为进步的标志和未来发展的前兆，旋转住宅是令人兴奋的。但文化上的关联性也表明，和第二次世界大战前一样，这种对旋转住宅的兴趣是夹杂着复杂情绪的，即科技如何影响着业已形成的对家庭生活的定义。1950 年雷德·斯克尔顿(Red Skelton)主演的影片《糊涂司机》(The Yellow Cab Man)中，就出现了在洛杉矶住宅博览会上展出的一座旋转住宅。[4]其中有一幕让人想起基顿的电影《一星期》中那座出现故障，旋转失控，将访客从门和窗户扔了出去的"发了疯"的住宅。

旋转住宅发明家们的愿望以这种方式结束，是当时讲述引入家庭的新鲜事物时的常见状况，这包括从卫生间到电视机等。建筑学家迈克·温斯托克(Mike Weinstock)记载下了人们对家庭里出现新技术的反应，像《糊涂司机》里所描写的并不鲜见："文学和电影作品中都体

现出强烈的对反乌托邦的担忧，好像对任何新技术预期效用的估量都是担忧和兴奋掺杂的怪异混合；社会对与科技互动的态度，就像它们是毒品。"[5]

机动性与建筑

尽管存在着这样的文化忧虑，战后仍然出现了强调将机动性与建筑结合的倾向。20世纪五六十年代，生于匈牙利的建筑师尤纳·弗里德曼（Yona Friedman）提出"移动建筑"（"mobile architecture"）的设计理念，他提出的"空间城市"（Spatial City）概念是可沿着管线移动的建筑舱体的立体集合，可在现有大城市或无法建设的用地上方建造；它完全是可拆卸、移动的。和旋转建筑一样，"空间城市"允许其业主随意变换朝向及居住环境。他的设计有很强的适应性，居民可以根据社会和情感需求改变它。弗里德曼最主要的观点是，建筑物应该属于居住者，而不应由设计师来主控。

移动建筑的概念在绘画领域也引发了新的流行。动态艺术家例如尼古拉斯·舒福尔（Nicolas Schöffer）试图探寻用以表达运动和事件的新艺术形式。舒福尔的实验性作品动态塔探索了艺术作品与其周遭环境的互动关系，居民和建筑在塔内是相互影响的。旋转建筑也同样显示出这个独特的特性。可旋转的

住宅可以适应居住者的生活方式，只需按个按钮就可以改变环境。当居民意识到他们可以直接控制建筑的朝向和室内环境时，他们被授权以自己的观点实现建筑与环境的直接对话。

和20世纪前50年一样，战后时期出现了许多旋转住宅设计提案。然而，与上个时期不同的是，20世纪60年代及其后期许多方案都得以实现。激发这些住宅设计师进行设计的主要原因与过去相同，就是控制采光，应对其他天气情况，以及调整视野。

在这一时期，部分项目的构思是由知名建筑师负责的，但也有很多是由缺乏正规建筑实践的其他领域（常常是相关领域）的专家设计的。营造商、工程师、工业设计师、独立发明人都被创造独特的可旋转建筑的挑战所吸引着。尽管有些建成后可能会申请赢利性专利或投入大规模生产，但通常这些住宅都是为个人设计的。大多数旋转住宅的设计师似乎都是原创性的。一个项目影响另一个，或是在另一个项目的基础上进一步发展的例子极少。

和第二次世界大战前一样，旋转住宅通常呈现为以下两种形态的任一种：一些有内置的转盘，住宅的一部分是可以旋转的（转盘常被分为不同功能的区域）；另外一些则是建筑结构本身整体旋转。为了追求便捷、高效和新颖的形式，设计师

对页：1949年由美国农业部拍摄的纪录片《节约空间的厨房漫步》中展示的装有旋转拉篮的橱柜

1968 年，英国奥林匹亚"理想家庭"
展会上展出的旋转厨房

在早期成果的基础上研究出了新的旋转方式。带旋转台面的餐桌再次复兴，广受欢迎。[6] 在较小的厨房中可以更好地利用边角空间的旋转式橱柜，也成为人们搬入新居或重新装修时颇受欢迎的家具。

每日邮报理想家庭展（The Daily Mail Ideal Home Exhibition），是英国规模最大的年度展会，每年都会推出一些革新性的产品。1968 年，展会展出了一个整体旋转的厨房设计。关于此事的新闻报道写道："从今以后，厨房再也不只是用来做饭的乏味场所了。只要按下镀铬按钮，就能实现各种有趣的功能。这里就是一个例子，主妇们连动都不用动，而是厨房在动。"[7] 旋转厨房以及其他一些战后时期提高空间容纳效率的努力，与更早年代的一些革新者，如凯瑟琳·毕奇尔（Catharine Beecher）等人的设计有些相似。但对毕奇尔来说，高效的工具和设计赞颂了妇女作为科学的管理者和家庭工程师的重要作用；而在20 世纪五六十年代，像电动开罐机以及旋转厨房这类现代的便利设施，是以逃避有损身份的家务劳动，并获得更多陪伴家人的闲暇时间为理由而进行推广的。

家庭家具公司、器械制造商、在郊区贩售规格型住宅的营造商，以及生活类杂志都将旋转概念推向市场。1964 年，《花花公子》杂志刊发了花花公子联排住宅设计方案，一栋四层高，有着橘色长

约 1955 年，斯卡伯格折叠吧台

毛绒地毯、柚木饰面墙面的单身汉住宅，其空间的高潮是一张全副武装的床。最先刊登于 1959 年杂志上的"花花公子床"是可以旋转的，这样，住宅的主人就可以尽览城市美景，"如果你想，还可以把床转向石墙上装着的一体化壁炉，享受那舒适的温暖。"[8] 附带的床头板内置有小吧台和冰箱，外部装有电话，并附有灯光、窗帘及音响的控制面板。

花花公子短命的电视节目《花花公子阁楼》（Playboy's Penthouse）是在一个模仿单身汉住宅的场景中拍摄的，其最大的看点是一个可以变为吧台的旋转书架。当时，杂志正试图提炼和塑造一种战后单身汉的形象，该书架吧正是为他们量身打造的：他们博学又爱交际，世故又有点古怪，精通各种小工具。[9] 有创意的房屋所有者们也利用旋转装置，将空

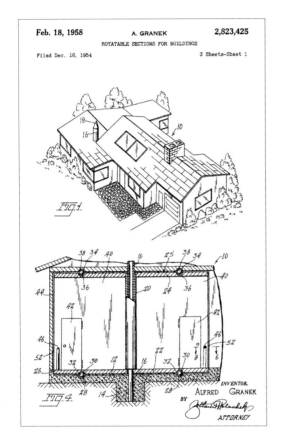

Feb. 18, 1958　　　A. GRANEK　　　2,823,425
ROTATABLE SECTIONS FOR BUILDINGS
Filed Dec. 16, 1954　　　　　　3 Sheets-Sheet 1

阿尔弗雷德·格里内科获得的内部旋转住宅专利，1954 年

提高城区内公寓的可适应性，并在一个快速城市化时期使房屋显得更加宽敞。而在 20 世纪 50 年代，至少有一项内部旋转住宅设计是意欲迎合大规模郊区化的。阿尔弗雷德·格里内科（Alfred Granek）1954 年的农场住宅提案中，最大的特点是一个分为四部分的大尺寸转盘，转盘上有足够大的空间放置常规的餐桌、沙发和卧具；隔板的尺寸还可以根据住户需求调整。[11] 由于农场住宅的空间比战前的城市公寓空间大得多，格里内科的设计并没有采用 20 世纪早期希米尼和泰特等人专利所注重的伸缩家具。更大的转台尺寸、传统的家具以及转盘上设置的门，使那些不朝向主起居空间的分区更加便捷。然而这个设计更重要的意义是，与那些同一时间内只能用到一小部分转盘的设计相比，它的实用性得到提高。不设置伸缩的小玩意儿，而使用人力旋转转盘，这些都表明发明家是在诚挚地试图研究出一种可以被认真对待的、新的住宅形式。

另外，若说格里内科的住宅有任何不寻常的标志，那就是转盘的中轴伸出了屋面（实际上只是不必要的装饰）。不然的话，它和这一郊区化时期内建成的成千上万的住宅没有任何不同。格里内科认为，外观上与传统住宅形式一样，才能让他的住宅有希望被潜在消费者、银行和房产贷款代理机构广泛接受。尽管作出了这些努力，但据我们所知，格

间个性化，使其更方便并适应自己独特的愿望与需求。例如，艾思达·斯嘉伯格（Esther Skarberg）和她的丈夫想在他们位于加利福尼亚的起居室里，拥有一个只在招待客人时使用的吧台，因此他们做了一个上部悬吊的环形吧台，当鸡尾酒会结束时，可以旋转消失进墙内。[10]

战后内部旋转住宅

战前的住宅内部旋转设计重点是要

阿尔弗雷德·格里内科获得的内部旋转
住宅专利，1954 年

转子住宅平面，
2004 年

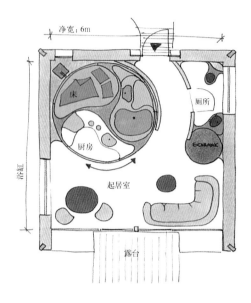

里内科的设计并未实现。内部旋转住宅的概念直到 50 年后，才被德国一个对杂糅混合并无兴趣的设计师重拾。

转子住宅 ❶

德国的汉斯住宅公司（Hanse Haus）是欧洲最大的预制装配房屋供应商之一。它提供多种定制住宅设计、老年住宅和度假屋，特色是专利墙体系统和生态化材料及技术。2004 年，这家公司要以某种方式庆祝其成立 75 周年，同时起到宣传作用，并改变公众对于预制装配式住宅设计一定是直线的、毫无创

---

❶　由轴承支撑的旋转体称为转子。如光盘等自身没有旋转轴的物体，当它采用刚性连接或附加轴时，可视为一个转子。

意的看法。[12]

汉斯住宅公司联系了德国工业设计师路易吉·克拉尼（Luigi Colani），希望他可以为其设计一个新的连接部件，可以是一个新的引人注目的楼梯，也可以是其他组成部件。因颠覆性的工业和产品设计名贯欧亚的克拉尼，是公司所有合作设计师中的不二之选。他的汽车、卡车、飞机、相机机身、家具、领带、画笔、门把手、婴儿浴缸以及城市设计出现在不计其数的展会、刊物和生产线上。他作品的灵感来自于鸟的翅膀、鲨鱼的身体等其他自然形态的圆滑外形和曲线，常常被标榜为未来主义。当汉斯住宅开始与他接洽的时候，他也刚好步入自己从事设计的第 50 个年头。克拉尼接受了他们的任务，但提出要在其 20 年前的作品——转子住宅基础上修改完成。[13]

20 世纪 80 年代早期，克拉尼针对高密度的城市发展做过一个"生化城市"规划（BioCity），形态上像一个仰卧的人身。集中的中心部位模仿躯干和头部，窄一些的住宅区向外延伸穿过自然景观，好像胳膊和腿。[14] 每个"生化城市"的肢体有 15000 户以上的独立住宅，分布在河道两侧，每座住宅都有探于水上的露台两两相对。原本这是为亚洲大城市周边建设所设计的，所以"生化城市"独立住宅要从极小的用地上获得最大的可用空间。[15] 住宅室内由一个主要房间

路易吉·克拉尼和汉斯住宅公司设计生产的转子住宅样板房，2004 年。感谢汉斯住宅公司提供所有转子住宅图片，www.hanse-haus.com

转子住宅样板房室内，洗浴部分

左: 转子住宅室内，厨房部分
右: 路易吉·克拉尼在转子住宅样板房内，
2004 年

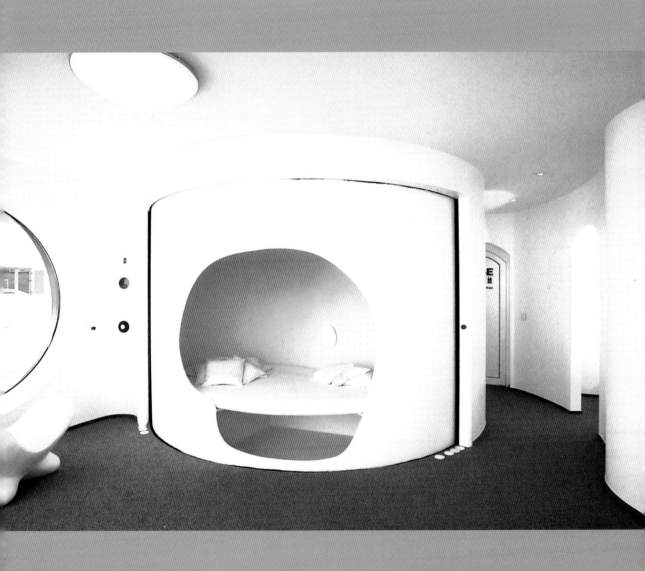

转盘的睡床部分面向主起居
区域的转子住宅样板房

和一个被分为三个部分的转盘组成，每个部分配备了不同功能房间所需的家具和设备。浴房单元包括浴缸、手盆、镜柜；厨房单元包括烤箱和炉、水槽、操作台面和小小的橱柜；卧室单元则有一张下部有储藏空间的床。

转子住宅在功能上与21世纪早期的内部旋转住宅设计十分相像，但克拉尼说他并未意识到这一点。二者唯一的区别是，转子住宅转盘的三个部分是不能同时进入的。[16] 只有要使用的部分向主空间开放，主空间后方的角落里还有用隔板隔开的狭窄的厕位和储藏空间。随着转盘旋转，特定的部分向主空间开敞，这个空间就可以根据时段和主人的需求毫不费力地实现各种用途。设计师问道："当所有你需要的房间都可以背靠背地建在一起，按一个按钮就可以到达的时候，为什么要浪费宝贵的空间在门厅和走廊上？"[17]

在转子住宅样板房内，一个小型电机与旋转平台的中轴通过摩托车链条连接，并由程序控制转盘的转速，确保其平稳的启动和停止，同时保证每次转动的角度，刚好是将需要的内部单元和外部主空间对齐所需的120°。住户可以通过转盘旁边墙上的控制面板进行操控。

克拉尼在他位于德国卡尔斯鲁厄（Karlsruhe）的工作室内设计和制造了样板间的旋转单元和厕所／储藏部分。汉斯住宅的建筑师安奈特·穆勒（Annette Müller）设计了室外的壳体，并建于巴特基辛根（Obersleichtersbach）村附近的公司工厂内。它的原始设计是直线形的方盒子，可以允许多个转子住宅单元堆叠排列在一起，可以不断扩张，并有不同的整体造型。忠实于自己性感设计风格的克拉尼把早期的草图进行了修改：将所有外墙改为凸面镜样式的弧形，并把所有的直角边倒角成圆角——就像把原来的方案在皮带式抛光机上打磨了一番。

样板间的厨房水槽、炉具、浴室和厕所都由玻璃纤维制成，都是样子货，无法使用，也没有把手、拉手或下水道，更多的是造型方面的样品而非真实样本。而实际上，量产产品的这些设施都必须使用真空注塑型塑料。完成的旋转平台单元呈蛋壳形，门窗洞口也是卵形的，美学上与建筑师、剧院设计家、艺术家弗里德里希·基斯勒（Fredrich Kiesler）的作品，尤其是他的"无尽住宅"（Endless House）有些相似。这项设计发挥了混凝土的塑性特征，完全没有直角，是雕塑与建筑的综合，最初构想形成于20世纪30年代，并在接下来的几十年内不断发展。在20世纪60年代，随着月球和行星移民期望的出现，大众文化开始崇尚塑性造型时，这一设计又重新赢得了关注。[18]

汉斯住宅公司和克拉尼的合作成果仅仅限于唯一的样板间建设和宣传，而公众对于这一概念却非常感兴趣。在为期两天的盛大开幕式上，超过三千人参观了位于汉斯住宅公司总部的样板间。德国及国外报纸杂志都报道了关于这座住宅的消息，在德国电视台节目中也闪亮登场，并成为众多产品和各类活动宣传照的背景。所有这些样板房被称之为汉斯—克拉尼转子住宅的广告，为合作双方都赢得了免费的、广泛的公众关注。汉斯住宅公司和其他建筑师进行了重要接洽，被吸引到公司总部参观转子住宅的潜在顾客也找到了可购买的更为传统的住宅型号。[19]

后来，克拉尼看上去对这个项目的看法很纠结。在谈到设计过程时，他将旋转平台称为噱头，并说起："在建这个蠢东西时我们一直在不停地笑。"[20]另一方面，他坚持对这一概念的所有权，并希望最终能够找到一家可以把这个项目投入量产的公司。

外部旋转住宅

战后时期建设的大多外部旋转住宅貌似都是供闲暇时短期居住的度假屋。一些设计师选择在度假的闲暇时间体验旋转建筑并不奇怪。20世纪五六十年代美国和西欧的度假屋建设都蓬勃发展。战后的第二居所，主人一般都是偶尔才去住一下，这给设计师提供了尝试玻璃和屋面创意设计，以及异想天开的结构形式的机会。[21]这些设计给战后时期逐渐由标准化的玻璃盒子办公建筑，

和郊区的农场住宅主导的人造景观带来了令人鼓舞的突破。通过第二居所的设计，业主们可以释放压力，回归"真我"（"true" persona）：户外运动员、单身主义者、宅男。

旋转度假屋

加利福尼亚的沙漠绿洲棕榈泉（Palm Springs）市郊，几英里外一条黄沙掠地的道路尽头，坐落着一小片名为"雪溪"（Snow Creek）的世外桃源。原本这里是一个废弃的橄榄园，到20世纪60年代，这里仅有几十座房屋，分享着旁边的圣哈辛托（San Jacinto）山的壮丽景色。这个区域以隐居者较多闻名。1961年，洛杉矶商人弗洛伊德·德安杰洛（Floyd D'Angelo）在雪溪购买了6英亩土地，盖起了一座旋转住宅供周末度假居住，以及展示他搜集的非洲比赛奖杯。德安杰洛之所以决定建造这座不同寻常的建筑物，主要是由于雪溪独特的恶劣气候和多变的自然景观。通过在白天的持续转动，室内可以在避免阳光直射（这一区域每年平均有350天都是艳阳高照！）的同时仍能毫无阻碍地看到周围的群山。这在当时显然是高科技的，并充满了未来感。

德安杰洛拥有一家专业铝天窗公司。为了表达他对这种材料的钟爱，在他的住宅中大量使用了铝制品。多边形外墙由玻璃和镶在铝框架内的倾斜三角

德安杰洛住宅，2007 年

对页：德安杰洛住宅外观，2007 年
本页：德安杰洛住宅主起居空间和壁炉，2007 年

上：德安杰洛住宅的厨房，2007 年
右：德安杰洛住宅下方，可以看到旋转
轨道，与电机齿轮咬合的带齿的架子以
及外圈的混凝土裙墙，2007 年

形实体外墙板组成。在室内，铝制的开放网架支撑着从中心向外墙辐射的屋面。750ft^2（约 69.68m^2）的室内空间大多是开放空间，厨房在门的一侧，铝质隔墙从主起居空间分隔出一间浴室和一间小书房。墙面、地板、地毯、隔墙以及冰箱通通都是淡绿色的。[22]

尽管德安杰洛明显是个熟练的设计师，但他仍求助于他的航空工程师朋友哈利·康瑞（Harry Conrey）来设计旋转组件。所有机械设备都隐藏在被抬起的住宅下方，一圈水泥裙墙内。安装有 16 只橡胶轮胎脚轮的钢支架从房屋下方伸出来；脚轮在固定于混凝土底板上的环形轨道上转动。旋转时，一个小型电机驱动一个齿轮，齿轮和安装在房屋结构上的、带齿的圆形架子咬合。管线铺设在中柱内，通过万向接头和固定的外线相连。一条简单的不间断工业电缆为房屋绕中轴的旋转提供动力。

一开始的时候，一块光伏电池被安装在屋面上，并与驱动住宅进行 130° 旋转的电机同步。这一装置是德安杰洛从他公司原先为控制铝百叶开关的设备上改造而来的。在晚上，一个"定时装置"（"time clock arrangement"）将把住宅转回到起始位置，或可以通过程序控制将其停在某个特定的方向。德安杰洛说："房子的转速非常低，完全感受不到它在运动。"[23]

你可能会认为德安杰洛把这座住宅

比尔·布特勒在德安杰洛住宅的阳台上，2007 年

当成一个实验：铝业公司的老板在为他的产品开拓新的市场，在一个第二居所越来越普及的时候，试验预装配度假屋的可行性。然而他的侄子却宣称权叔并无此意，他的侄子也叫弗洛伊德，在少年时曾帮助德安杰洛组装这栋住宅。他说叔叔"并没有将这栋住宅当成大规模生产的原型。他完全是乐在其中。他总是被类似的各种计划所吸引着。"[24]

2002 年，棕榈泉市的比尔·布特勒（Bill Butler）几乎在听说这栋住宅正在出售的第一时间就买下了它。由于多年无人居住，房子的情况非常糟糕：窗户破

5ft 宽的平台环绕小屋，与毗邻地面几近齐平，扩展了室外休闲区。它旋转得非常慢，孩子们骑车上下绝无问题。

像一个大拉篮那样旋转

建筑师：哈罗德·巴特拉姆

按下开关，这座华盛顿布莱克利岛上的小木屋就能像旋转拉篮一样转起来，追逐阳光或美景。圆形铁轨，固定着八只塑胶轮。其中两个轮子由 3/4 马力回转电机驱动，低电压开关控制。

小屋可在滚珠直推轴承上绕中心钢柱旋转 270°。给水排水设施齐备。

主人由俄勒冈州肯特飞行一个半小时抵达。

之后小屋旋转，起居室面向太阳。

左上：刊登于《日落》（Sunset）杂志出版的《度假屋》（Cabins and Vocation House）一书中的布莱克利岛上哈罗德·巴特拉姆设计的旋转度假屋，约 1967 年

右上：意大利诺切托，布鲁诺·吉埃里的旋转住宅，约 1964 年

右：布鲁诺·吉埃里正在接受新闻节目采访，约 1964 年

了，室内污垢遍地，地毯也已经腐烂。旋转电机丢了，多年前添置的空调的管道被扔在轨道上，它肯定很久都没转动过了。不过从结构上看，这座建筑物还算完整。布特勒回忆道："好消息是它完全被人遗忘了，也因此基本保持着原貌。"[25]

作为一个20世纪中叶设计的粉丝，布特勒决定将这座房屋恢复成20世纪60年代的样子，并让它再度旋转起来。他替换了所有坏掉丢掉的机械部件，清理了室内（用牙刷刷洗了天花上的开放网架），重新粉刷，并让50岁高龄的厨房恢复了功能。经过多次测试不同的电动机和齿轮组合后，布特勒和他的一些同事让这栋房屋又转了起来。有点遗憾的是，现在它开始转动的时候会有些吱吱嘎嘎的响声，而且在以能觉察到的速度旋转时有些晃动。

第一眼看上去，布特勒的住宅很像马克思·陶特在柯尼斯堡附近小山上设计的水晶旋转住宅。两座住宅的设计都强调了运动感，静止时能看到建筑的好几个面，给人不断变化的感觉。然而，决然不同的外墙材料运用，阐释了两者的重要区别。陶特的玻璃墙体突出的是通透性、光线和对外部环境的敞开。而与此相反的是，德安杰洛雪溪住宅的实墙面看上去比较封闭，它是一个保护性的茧，保护居民不受外部不良环境和酷热阳光的侵害。

德安杰洛完成他的雪溪住宅几年后，另外一个业余发明家开始研究自己的旋转住宅方案。布鲁诺·吉埃里（Bruno Ghirelli）在他的家乡，意大利的诺切托（Noceto）拥有一家研发特种用途结构和林业车辆的公司。对机械和赛车的兴趣引领他进入了小型赛车业，在1955～1960年间他创建了一支赛车队，参加在公共广场或乡间公路上的小型赛车比赛，并在帕尔马省（Parma）附近的福娄里（Fraore）建设了一条永久赛道。1964年，他因在诺切托盖了一座"卫星别墅"（"satellite villa"）而广为人知。[26]

吉埃里同瑞士建筑师雷·米切雷德（Ray Michellod）合作，开发了他称之为Casa Girevole（意大利语旋转住宅）的设计，并在第二年注册专利。[27]这座双卧室钢结构建筑由一根窄窄的钢柱别扭地支撑着。和德安杰洛住宅一样，吉埃里的设计采用了光电控制来保证住宅的移动与太阳同步。水管穿过中柱进入设在屋顶的水箱，基地上的一座风车可以提供部分电力。虽然当时的吉埃里住宅有部分高技术特征，但它在形式和建筑细部上都是保守、传统的（除了被搁在柱子上这点之外）。

让我们看一下美国的情形。乔治·威尔森（Geoge Wilson），俄勒冈州的一个农场主，决定在华盛顿州西雅图北部的圣胡安群岛（San Juan Islands）之一的布莱克利（Blakely）岛上建一座夏季度假屋。这个岛上既有永久性居民，又有来度假的人们。因为这个岛与大陆既没有桥也没有日常的摆渡船，这里很多居民都是飞行员，通过私人飞机到达这个岛。[28]

作为业余飞行员，威尔逊请当地建筑师哈罗德·巴特拉姆（Harold Bartram）帮他建一座房子，满足自己可看到附近跑道上飞机起降的愿望。但是威尔森的太太却希望住宅朝向水面，可以看到窗外过往的船只。巴特拉姆用一栋设在与地面齐平的圆形平台上的六边形住宅调解了这一矛盾。[29] 和那个时期的很多度假屋一样，它的外立面采用 TI-II 型开槽夹芯板，巨大的景窗，室内外空间的界限也不明显。旋转平台的操作模式与德安杰洛的版本是一样的，包含了可供户外活动的木质平台，墙面材质也延续了木板条的肌理感。[30] 巴特拉姆成功地将当时第二居所的设计品位和旋转建筑的独特优势完美地结合，满足了业主的要求。

圆形和多边形的造型

当德安杰洛住宅建成后很短时间，就出现了首例供全年使用的外部旋转住宅。例如，营造商山姆·哈克莱罗德（Sam Harkleroad）设计并建成于加利福尼亚州诺瓦托（Novato）的住宅，其主要特点是圆柱体的体形和圆形的平面。[31] 这些设计（也包括越来越多的圆形旋转餐厅）影响了公众意识，将这种建筑形式与旋转紧密结合，导致很多人认为所有当代圆形和多边形建筑都是可以旋转的，从布鲁斯·戈夫（Bruce Goff）1948 年在伊利诺伊州奥罗拉（Aurora）设计的福特住宅，到约翰·劳特纳（John Lautner）1960 年的洛杉矶马琳住宅（Malin Residence，又名化学球体 "Chemosphere"）[32]，都是如此。

战后旋转住宅的设计无疑受到太空针塔，以及其他同时开始遍布世界的旋转餐厅的很大影响。业已建成的大量旋转餐厅某种程度上赋予可旋转设计一定的合理性，验证了这类想法技术上是可行的，同时也不会引起人们的不良反应，例如恶心。同时，它们重新激起了人们通过旋转来最大化利用地缘和景观优势的兴趣。这种外向型的视角也解释了为什么这一时期最常见的旋转住宅外形都差不多——圆形或多边形平面，落地玻璃窗，平屋顶，通常坐落在狭窄的支撑体上。大量使用玻璃和工业材料，线条简洁的这些住宅可以溯源至战前时期的现代主义建筑。而圆柱或多边形的形式则可以追溯至更早。

例如，19 世纪的美国骨相学者奥森·富勒（Orson Fowler），曾设计过一座两层高的八边形住宅，更有效地利用了外墙面，采光充足，通风也比方形平面的住宅要好。富勒把这一设计放入他 1865 年出版的书籍《给所有人的家》（A Home for All）中。[33] 这个包括中央加热系统、室内管线和其他一些现代便利设施的设计在他的年代是很"高科技"的。在世纪之交，有几千栋基于他想法的八边形房间建成，主要位于

R·巴克明斯特·富勒和他1927年的Dymaxion住宅模型

纽约、马萨诸塞州以及中西部地区。[34]

战后旋转住宅形式的最明显的来源可能就是R·巴克明斯特·富勒（R Buckminster Fuller）20世纪20年代末设计的Dymaxion住宅，Dymaxion（此词为"动力dynamic"、"maximum最大化"和"拉力tension"三词组合而成）住宅平面为六边形，用一系列连接地面和中柱的、曲折的钢索固定在中柱上。封闭的起居空间上方是荫庇在坡屋面下的开放平台。

第二次世界大战后期的房屋短缺，以及和平时期工业化大生产的潜力促使富勒重新思考它的设计，并且继续努力促成其生产。一项比奇飞机（Beech Aircraft）的风险投资，一栋位于堪萨斯州威奇托（Wichita）的原型住宅，以及一场宣传洪流引发了37000份不请自来的订单以及投资人的极大兴趣。然而，富勒很快认识到了大规模生产住宅的持续挑战——从融资到来自建筑行业的抵制——在那时是无法克服的。最终，只建成了两栋样板房。

虽然富勒从未想让Dymaxion住宅可以旋转，但它绝对是运动理念注入高科技产生的典范案例。它受大规模生产以及工

1869 年 凯瑟琳·比彻（Catharine Beecher）与哈里特·比彻（Harriet Beecher）设计，流线中心、服务空间和机房均在核心筒内的住宅，收录在她们所著的《美国妇女的家》（The American Woman's Home）一书中

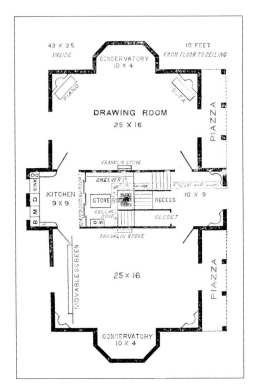

业化汽车生产过程启发，铝质的轻盈外观看上去也像一架飞机。在 1927 年的版本中，设有一个螺旋涡轮电梯，住宅下方还有一个机库，供"水陆两用飞车"（"amphibian airplane–automobile"）停靠。战后版本内包含了"ovolving 柜"，通过垂直旋转将隐藏在墙内储藏的物品拿出来，从而获得普通柜子三倍的存储能力。这些 Dymaxion 住宅也都有旋转衣柜，可以转向房间一侧，很方便地取用内部的衣物。富勒设计的工业化特征在其官方名称上被进一步强化，那就是"Dymaxion 居住机器"（"Dymaxion Dwelling Machine"）。[35]

富勒设计了 Dymaxion 住宅 5 年之后，建筑师乔治·弗雷德·凯克（George Fred Keck）提出了他自己的未来住宅设计。很明显地，它与战后旋转住宅很相似。这座住宅是 1933 年芝加哥"进步的世纪"万国博览会的展品，共有三层，多边形平面。首层容纳开放门廊、娱乐室和机房。二层为主居住空间；顶层有一个开放的温室。上两层墙面从地板到顶棚都是玻璃的。当百叶窗合上，或窗帘拉上的时候，它看起来就像一个巨大的、钢结构的结婚蛋糕。凯克将其设计称为"明日住宅"（the House of Tomorrow）。 和 Dymaxion 住宅一样，它的地面层也有一个机库，期待着房主使用飞行器出行的未来。

无论 Dymaxion 住宅还是"明日住宅"，都有圆形的中厅，内部有圆形的楼梯，以及供所有桥架、电缆和水管进入住宅的主管井。这种布置不但出于对建筑物圆形平面的逻辑考虑，同时也反映了对合理化组织复杂的给水排水、暖通空调，以及电气系统的渴望，设计师对住宅更高效，易于维护与更新的愿望。[36]这种方法几乎被所有战后旋转住宅建筑师所使用，原因是它可以很好地解决将建筑的固定和旋转部分相连接的难题。

战后未来派设计

1950 ～ 1960 年间，卫星、晶体管收

切斯利·博恩斯蒂尔绘制的沃纳·冯·布劳恩20世纪50年代所做的地球同步轨道空间站设计

音机和集成电路，自动化和机器人，包括阿波罗登月计划的载人航天计划等渗透进大众文化、图形与产品设计、时尚以及汽车和建筑设计中。这一时期对太空探索和发达科技文化上的迷恋也体现在战后旋转住宅的设计中。圆形的旋转住宅很像从世纪之初就被科学家、作家和导演们构想出的轮状空间站。早期的概念化空间站设计常常是圆柱形或环形（甜甜圈形）结构，可以绕着轴心缓慢转动，从而以离心力模拟重力。1952年的《克里尔斯》（Collier's）杂志刊登了一系列由切斯利·博恩斯蒂尔（Chesley Bonestell）绘制插图的影响深远的文章，展示了火箭工程师沃纳·冯·布劳恩（Wernher von Braun）构想的载人航天旅行。博恩斯蒂尔最初学习建筑设计，后来成为好莱坞赫赫有名的场景插画师，

他用超写实的风格戏剧化地展示了冯·布劳恩环形、3层、可载8人的空间站在中美洲上空轨道缓缓旋转的场景。[37]

相同的旋转空间站设计也出现在《男孩生活》、（Boy's Life）、《大众机械》（Popular Mechanics）这类杂志文章，以及像《太空秘密》（Mystery in Space）等科幻小说和漫画中。电影中也能找到它们的身影；1958年的苏联电影《群星之路》（Road to the Stars）首次让东方阵营的观众们看到了甜甜圈形的空间站。知名度最高的旋转空间站应该是在斯坦利·库布里克（Stanley Kubrick）1968年拍摄的电影《2001：太空漫游》（2001：A Space Odyssey）中出现的。理查德·施特劳斯的《蓝色多瑙河》乐曲中，双层甲板的V空间站在广袤太空中缓缓旋转，迄今为止这仍然是

电影史上最经典的一幕。所有这些设计，使轮形和环形空间站作为进步符号而广为人知。它们的形象被改造后融入许多高技术倾向的设计中，其中最显著的就是电视塔顶部球体及战后时期的旋转住宅。[38]

另外一个既反映又塑造了公众对未来生活看法的文化产品，是情景喜剧动画《杰森一家》（The Jetsons，也译作"摩登家庭"）。这部戏于 1962 年 9 月首播[39]，主要内容是乔治·杰森（George Jetson），他的夫人简、女儿朱迪和儿子埃尔罗伊（Jane、Judy 和 Elroy）的日常生活。它展现了 21 世纪某个时期未来生活的愿景。很讽刺的是，剧中每一集的主要剧情都围绕着制作人认为很快就会出现的替代劳动的设备和高科技工具展开。机器或机器人代理了几乎所有工作，任何事都可以通过按按钮全自动瞬间解决。剧中的机器，无论是"自动食品合成机"（foodarackasackle）还是"数字目录操作机"（digital index operator），既是奇迹也是灾难，发疯的时候倒比按计划正常工作的概率还高。

杰森一家住在"空中吊舱公寓"（Sky Pod Apartment）中。他们的住宅，和大部分剧中人一样是圆形的，外墙全是玻璃。高高地坐落在一根或两根细细的柱子上。所以杰森一家是完全生活在空中的。虽然剧中没有一座房子看起来可以旋转，但每周一次在《杰森一家》中

出现的建筑和 20 世纪 60 年代出现的电视塔、玻璃外墙的碟形旋转餐厅，还有旋转住宅设计的共性是有目共睹的。

在动画片许诺的未来中，一切东西都似曾相识又有所区别。新技术提供了无须辛劳的美好前景，然而事实上却总是无法达成。机器一定会发生故障，小工具必然失控或者狗拿耗子多管闲事。虽然定位为情景喜剧，但一条鲜明的错位剧情线贯穿始终。投射于未来的这些担心也反映了对当时开始增加的自动化应用的忧虑。和流行小说及电影中对旋转建筑的描写一样，《杰森一家》揭示了对进步引发的效应，以及广泛存在并日益增长的对技术依赖的矛盾心理。

景观的价值——福斯特住宅

1967 年，建筑师理查德·T·福斯特（Richard T. Foster）着手开始设计他位于康涅狄格州威尔顿（Wilton）的住宅。住宅位于一块人迹罕至，四英亩大小的用地上。为了尽可能多地获得附近的池塘、水库和森林景观，福斯特经过 4 次尝试后，放弃了传统形式，最终设计了一座有玻璃外墙的圆形钢筋混凝土结构住宅。而且为确保每个房间在任何时候都可以享受到各类景观，他决定让自己的住宅转起来。

福斯特最早是菲利普·约翰逊（Philip Johnson）的学生，后来成为

本页：福斯特住宅，2006 年
对页上：福斯特住宅核心筒，固定的旋
转楼梯下是地面层的入口；栏杆上的盒
子内是旋转控制装置，2006 年
下：2005 年整修后的福斯特住宅起居室

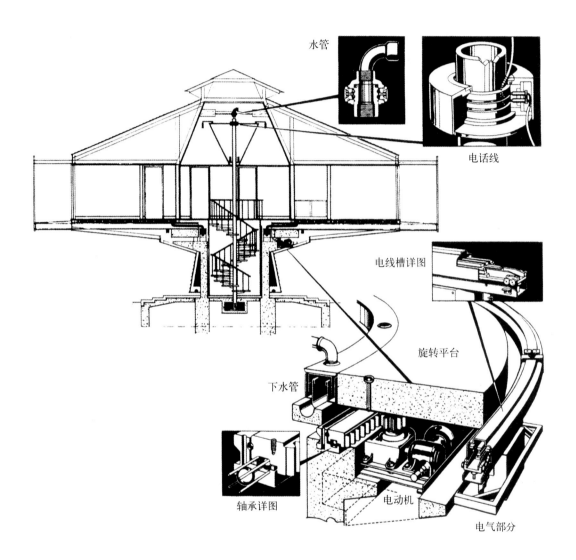

水管

电话线

电线槽详图

旋转平台

下水管

轴承详图

电动机

电气部分

福斯特住宅的旋转平台和能使其 360° 旋转的连接构造

其门生（Protégé）。他是纽约西格拉姆大厦（Seagram Building）的建筑协调人，同时还参与了纽约大学几座建筑物，以及华盛顿克里格博物馆（Kreeger Museum）和 1964 年世界博览会纽约州展馆的设计，主题为展示"未来的县集会"（县集会类似于我国的庙会，译者注）。展馆设计包括细高的观景塔、有室外观光电梯和碟形的顶部——与遍及欧洲的电视塔一样。当福斯特设计自己的住宅时，这些结构形式已经在脑海中了。

位于威尔顿的住宅坐落在一个混凝土筒体固定基座上，内部有设备电气管线及连接上方旋转部分和地面层入口的螺旋楼梯。玻璃外墙的上部旋转结构内，有一系列楔形房间从中厅向外延伸，可转动部分和固定的核心筒与螺旋楼梯在中厅内接合。福斯特改装了一组三吨重的，原本为建筑起重机和炮台设计的滚珠轴承，轴承由小型电动机驱动，支撑并旋转住宅的可旋转部分。通过使用垫圈、转动槽、滑轨接头以及旋转球形接头的组件，住宅可以旋转 360°，同时满足传统住宅对舒适性的所有要求。[40]

与伽罗苏别墅一样，福斯特住宅也是时尚和传统设计的怪异融合。它像飞碟一样的外部形式，低合金高强度钢（Cor-Ten）、大面积的玻璃窗等材质都是现代主义先锋派风格，而木瓦片的屋顶外饰面则借用自新英格兰民居建筑。

看起来高科技的曲线是曾用于钓鱼小屋的材料制模而成。耐候钢（Weathered Steel）阳台和上边的铁锈都是最时髦的（当时毕加索刚刚完成其芝加哥戴利广场（Daley Plaza）上的低合金高强度钢雕塑）并且很有机，强调出自然变化的进程。不同点在于，伽罗苏别墅中的传统设计元素和现代功能是截然分开的，将建筑物分成两个部分，而福斯特将新老综合在一起，达到了极好的平衡，是一件具有革命意义的创新之作。

在福斯特决定让住宅可以旋转的时候，他对很多之前的旋转设计共有的主要动机：控制采光或其他气候条件，完全不感兴趣。当住宅还在建设中时，他在采访中说道："我们并不是为了取乐而盖这栋住宅，而是要欣赏周边不同的美丽景色。我们并不试图追逐太阳，也觉得那样毫无意义。"[41] 福斯特的目的更接近于威廉·肯特，位于肯辛顿花园内的 18 世纪旋转房屋的设计师。这两座建筑都注重于从眼前直到地平线展开的风光。它们转动是为了满足主人的想法，提供特定的视角。

主要视角的选择不仅仅体现在室外玻璃的面积上，也反映在旋转能力上。在福斯特住宅中，以及其他很多战后旋转设计里，起居空间都被抬升至地面层以上，使景观得以最大化，室外成为室内装饰的重要组成部分。这些强调和体现了这一时期对秀丽风景价值（美学与

经济上）的重视。福斯特在住宅建成 25 周年纪念时回忆道："有人说过，造价最昂贵的是更换它的壁纸，我想他是对的。"[42] 但福斯特一家可以在同一个房间或任意一个房间里看到季节交替，每年到来的候鸟，日出或日落，在家里尽情感受生命，这完全是超值的享受。

太阳能房屋——罗尔夫·迪施（Rolf Disch）的向日葵（Heliotrope）住宅

20 世纪 90 年代早期德国建筑师罗尔夫·迪施设计了在德国弗莱堡附近一座山坡上的住宅。迪施一直对绿色、节能设计很感兴趣——1987 年他设计的一辆太阳能汽车赢得了"Tour de Sol"太阳能动力车拉力赛——因此当他开始设计住宅的时候，决定尽量节能环保，采用清洁能源。1994 年完工，被命名为"向日葵"的这座住宅是尖端可持续设计的典范，是迪施和配偶的私宅及工作室所在。这座三层 14m 高的桶形住宅位于基础中柱上，中柱内部整合了转动机组、管道系统和一部旋转楼梯。从某些角度看，它就像上部多加了两层的理查德·福斯特住宅。在室外，每层都有一对落地玻璃门开向金属材质的室外过道，室外过道由落在最低一层伸出的悬臂梁上的钢管框架支撑着。这种组合看上去就像施工用的脚手架还未拆，房子仍在建设中一样。立面上除了玻璃，其他部位面

层都是波纹金属板。室内由起居空间（卧室、厨房、浴室）、办公室和会客室组成。通过标高上一两步台阶的改变，迪施使其设计的每层室内楼板都有所变化。

虽然迪施在室外使用了常见的建筑材料，然而在设计和建造中柱的时候，却几乎是拼凑而成的。中柱是装配进钢管的超过 4in（10cm）厚的胶合板结构（用钢材加固），支撑着整座建筑。当迪施刚开始构思全木结构设计时，对如何实现完全没有头绪。经过半年的试验和测试，迪施找到了一种合适的胶水和多层板组合，韧性和强度均可达到要求。滚珠轴承系统和旋转机组则是常见的设计。

向日葵住宅利用太阳能有几种方式。首先，宅如其名，它可以转动追寻太阳的轨迹。在寒冷的季节，可以让房主按自己的意愿将任意房间整天置于温暖的阳光中。反之，和伽罗苏别墅以及其他旋转住宅一样，通过整体旋转，主起居空间可以面向北侧，避开强烈的阳光直射。另外，这种设计也使向日葵住宅可以避开临近住宅，朝向山坡，为房主提供某种程度的私密性和隐匿空间。

夏天，房主夫妇常常让住宅朝向北面的山坡。晚上才将主起居空间转向南侧。在比较冷的月份里，他们缓慢地转动住宅，追随太阳的移动。这个混合被动式节能系统还包括用于发电的巨大的屋面光伏电池阵列。太阳能电池板可以独

对页：罗尔夫·迪施设计的向日葵住宅，约 1994 年

上：向日葵住宅的厨房、餐厅和起居室

右：向日葵住宅中柱

右下：当在向日葵住宅阳台栏杆上的透明水管中循环时，水被太阳加热

立于住宅的其他部分旋转，这样，当住户要躲进阴影的时候，电池仍能面向太阳。同时，还配有电动机控制其倾斜度，保持与阳光间的最佳角度，还可以放平以免于风暴的破坏。太阳能电池组和其他系统使向日葵住宅成为一座"正能量住宅"——它将产生的多余电能输进城市电网。

向日葵住宅的绿色特性不仅包括向着阳光或阴影旋转、收集阳光转化为电能。最底层的阳台栏杆内有多排透明水管，水在内部流动并逐渐被阳光加热。与太阳同步移动时，这个系统可以尽可能地暴露在太阳辐射中。住宅同时设有地源热泵系统供室内调节温度。落在屋面的雨水被收集到储水池，过滤后供住宅使用。

迪施设计的向日葵住宅是可复制的。他预想某一天它可以在工厂中加工，之后方便地运输到现场组装。到 2007 年，他除了在弗莱堡的自宅外，还建设了两座向日葵住宅。1996 年，迪施的公司在巴塞尔 Swissbau 国际建筑工业贸易博览会上展示了一座全尺寸模型。这座建筑和向日葵住宅一样是预制加工的，拆解后运送到瑞士，为展会组装，然后再次拆解运送至纽伦堡。他的公司还建设了另一座向日葵住宅作为德国奥芬堡（Offenburg）的展馆。在那里，它是一个卫浴设备公司的展厅。奥芬堡的这座向日葵和其他两座一样，唯独不能旋转。

和伽罗苏别墅、福斯特住宅以及转子住宅等旋转建筑一样，向日葵住宅引起了很多当地人或是在建筑书刊上读到它的人们的好奇。"每周我们都有很多想看看这栋住宅的访客"，迪施说。[43]向日葵住宅本身就是他公司的一个大广告。它证明了迪施的绿色设计能力，确定他的构想并非无法建成的幻想，同时也是个吸引人的、三层高的商标。[44]

智能住宅——约翰斯通住宅

当艾尔·约翰斯通和珍妮·约翰斯通（Al and Janet Johnstone）结婚时，他们决定卖掉二人原来的住宅建一座新的。他们为一个理想地点寻遍了整个圣地亚哥，终于，2001 年 1 月的一天，艾尔经过拉梅沙（La Mesa）的海利克斯（Helix）山一侧的一块杂草丛生的地块时看到了"在售"的牌子。带着砍刀回来后，他发现了一片不大的平坦区域，景色极美，他们立即买下了这片地。

约翰斯通的新地产面临着两个相互关联的问题：如何最好地利用周围全景式的景观以及如何有效利用面积狭小的可建设用地。看着延续到下方城市的风景和周围的 8 座山峰，以及远处的太平洋，他们意识到窗子以及房间的朝向将是设计成功的关键。但是他们只能在用地比较平坦的一小部分上盖房子——在陡峭的山坡上盖一座传统住宅将花费一笔可观的附加费用，并且需要额外的手续。平坦部分的形状大致上是圆形的；艾尔·约翰斯通认为他可以将住宅盖成两层，上层圆形，大一些，地面层则小一些，用较小的占地来适应基地情况。"而且如果你已经打算盖一座圆形住宅"，他说："那为什么不让它可以旋转，拥有全部景色？"[45]

约翰斯通的脑海中应该也存有他早年间见过的很多建筑地印象。20世纪60年代，他曾在报纸上读到过一则在拉霍亚(La Jolla)附近海滩上的25层旋转双子计划。20世纪70年代，他曾到访过一个新泽西中北部的小型20世纪50年代旋转住宅。多年后他回忆起那座800ft²（约74.32m²）的住宅，建在一个废弃的旋转炮塔上，只有简陋的水槽和翻板阀，必定无法满足现行建筑规范的要求。[46]

艾尔·约翰斯通的身份很符合一个世纪以来那些实施旋转建筑计划的个人主义发明家。当他开始设计海利克斯山住宅时，他是一名退休的电话公司工程师，并且之前自己盖过一栋比较传统的住宅。在他进行设计的过程中，主要目标就是建设一座既可以提供所有固定住宅的所有功能（甚至更好），又能双向随时不限角度、次数地旋转，还能满足所有必要建筑规范的住宅。为了达成这些目标，约翰斯通夫妇想到了很多相当有创意的方法；最后总共申请了多达30项专利或局部专利。其中最棒的是约翰斯通称为"旋转轴承"(Swivel)的——在

中柱底部将地下的固定管线与旋转的上层建筑内管线相连接的中央接驳装置。"旋转轴承"可以使上部建筑一直转动。约翰斯通将那些不具备这种功能——也就是那些必须反方向旋转以使连接件复位，或排掉污水的建筑称为"棍子上的房车"(RVs on a stick)。[47]

2001年6月，海利克斯山住宅开始动工，到了8月，将容纳电梯和旋转连接件的中央钢柱就位后，邻居们开始意识到隔壁这座住宅必非等闲之辈。经过约翰斯通夫妇和2～6位工人组成的工作小组的努力，住宅逐渐成形。固定的底层部分是灰泥饰面的混凝土砌块墙，内部是车库（地面上有两个汽车转台）和既可以作为娱乐室也可以当客房使用的多功能空间。上方的钢结构建筑直径80ft（约24.38m），整面玻璃幕墙内围护着住宅的主起居空间。

自称为"技术怪胎"(techno-freak)的约翰斯通将许多家庭自动化设备融入了他的住宅。它是被称为"智能住宅"(smart houses)这一新设计趋势的最佳典范。经由20世纪90年代个人计算机兴起的推动，这类住宅被塞满了刚上市的各种能想到的小工具、一次性发明或其他东西。[48]其目的是双重的：提高效率，更加安逸舒适。其中后一项更能吸引更多公众的注意力，因此，房东、生产商及计算机和居住研究中心都在争相提供

左上：约翰斯通住宅的钢结构
右上：约翰斯通住宅剖透视
左：约翰斯通住宅，2006 年
上：约翰斯通的专利"旋转轴承"，所有埋地管线均在此处与住宅的旋转部分相连接，使住宅可以连续 360° 旋转

约翰斯通住宅，2007 年

更先进但无须打理的居住环境。

约翰斯通住宅的高科技主题不仅仅停留在个人化的小巧工具上。整个建筑都由中央控制系统控制，一台主计算机被用来操控室内环境的各个方面，从旋转速度到光线的角度、温度和保安系统。通过语音识别或手持式装置，系统可以识别主人的声音，针对个人喜好按预置数据调节温度和光线。中轴内的电梯外设有生物指纹识别器，只对特定个人开放。

当艾尔和珍妮·约翰斯通更加全身心投入他们的旋转住宅项目时，认识到以下两点：首先，从电视新闻节目到报纸报道和杂志文章到常规的"敲门拜访"（"knock on the door request for a tour"），这个概念引起了大量公众的关注；[49] 另外，当他们解决了建设非同一般的住宅中的大量细节问题时，他们已经具备了专家素质，而这一素质在将一个好奇地观众变成顾客时，是很有价值的。在 20 世纪晚期为自己设计旋转住宅的那些设计师，无一例外地走上了这条道路。意识到他们自己的家的潜在宣传价值后，这些发明家就成了企业家，和各种提供浴缸、烤面包机、电视等家用器具、电器和建筑制品生产商以及地砖、水龙头、灯具厂家进行洽谈，作为交换条件的是住宅网页上的一席之地或是在媒体进行报道时提上一句。

这些发明家建立的公司帮助其他对建设自己的旋转住宅感兴趣的客户，并

约翰斯通住宅，
2007 年

取得了不同程度的信任和后续成功。约翰斯通说："我为我们二人建造了自己的家园，投入大量精力和劳动进行设计。如果能将这些经验转化为商品当然好，但即使不行，也没什么大不了的。"[50] 约翰斯通卖掉了他的"旋转轴承"专利——位于住宅地基内，使其可以连续 360° 旋转的、两吨重的连接器组件。他同时提供建筑法规，以及智能住宅设备的选择和安装相关事宜的咨询服务。

一些公司仅提供技术支持，另外一些则打包出售预制好的成品。最早成功上市并出售旋转住宅的公司之一是法国斯卡埃尔（Scaer）的"穹顶家园"（Domespace Homes）公司。帕特里克·马希里（Patrick Marsilli）在设计建造了自己的旋转住宅后，于 1989 年创办了这家公司。宣传材料将马希里的住宅比喻成爱斯基摩人的冰屋或传统的非洲茅草

顶部：穹顶家园住宅剖面图
上：穹顶家园的胶合层压木框架

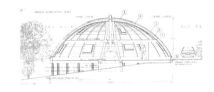

屋，然而，暴露在外的凸底面让建筑形态上更像飞碟。设计采用了胶合层压木梁制成的拱框架体系来支撑屋面板和木瓦。当马希里决定生产并出售他的设计副本时，他设计了包括所有预制梁以及其他木构部件的套装，这些都在运送到建筑基地前由捷克共和国的一个工厂加工完毕。迄今为止，他的公司已经在整个法国、瑞士、捷克共和国、丹麦以及美国成立了合资公司或分销处。过去 25 年间，"穹顶家园"已经售出了一百多座旋转住宅。[51]

与"穹顶家园"公司相同，但是规模小一些的加拿大、德国和澳大利亚公司生产成套的旋转住宅，或是为单独的旋转项目提供咨询。2000 年，唐·杜内克（Don Dunick）在新西兰设计了他的多边形旋转住宅，其外观特别像乔治·弗莱德·凯克 1934 年的"明日之宅"。杜内克同一家住宅建设公司合作，在澳大利亚开设了一家叫"灯塔住宅"（Lighthouse Projects）的公司，供应三种预先设计好的钢和玻璃的旋转住宅。卢克·埃弗林厄姆（Luke Everingham），一个澳大利亚声学工程师，在 2006 年完成了他为自己家庭设计的一座旋转住宅，比起杜内克的样式更加本土化。埃弗林厄姆的八边形住宅立面上有巨大的玻璃门窗，但是是坡屋面的，出檐深远，还有环绕式的木门廊，细部上更像传统的牧屋形式住宅而非高科技的未来主义住宅。[52] 现在，埃弗林厄姆为同样类型住宅的设计和施工提供管理服务。在德国的 Heuchelheim，建筑师亨利·林恩（Heinrich Rinn）的公司"林恩旋转住宅"（Rinn-Dreh-Haus）将基于林恩自己的木结构旋转住宅基础上的设计和建造推向市场。

经过一个世纪的实践、未实现的尝试以及独一无二的建造，这些公司的出现意味着 21 世纪的旋转住宅数量更多，更为普遍。关于这些项目的媒体报道得到了广泛关注。快速反应的建筑理念与其他当下流行的建筑潮流（如智能与绿色设计）可以很自然地契合在一起。然而，这些公司所建成的项目仍然微不足道。随着整个世界城市化的进程不断加速，比起独立的住宅，可能设计师和投资商们在高层建筑领域更容易取得成功。

上：穹顶家园外观

左：穹顶家园住宅的起居室和厨房

左：唐·杜内克的"灯塔住宅"样板房
右："灯塔住宅"的厨房

卢克·埃弗林厄姆的旋转住宅，2006 年

日本热海市，勘一酒店(Kan-iti Hotel)，约1955年

旋转高层建筑

本书是以讨论乔治·艾德可以利用各个方向的天气条件与景观的纽约旋转公寓构想为开头的。在战后时期刚刚开始的时候，这类想法才被逐步重视。当市中心和度假区的中心地块价值越来越高，建筑物开始向空中发展，开发商们开始寻求提升小型地块价值的新方法。

勘一酒店（Kan-iti Hotel），20世纪50年代中期建成于日本热海市(Atami)的度假区内，展示了一种旋转高层建筑的解决方式。[53] 在这座5层高的现代建筑的楼顶有一个附加的圆柱状楼层，每小时旋转一次。旋转部分的外圈周围都有可开启的玻璃窗，而内部则被分割为8间独立的客房。当它转动时，每间客房的景观都会轮流从一侧的港口转向另一侧的城市和山脉。客人们可以从室内的旋转楼梯或建筑一侧的玻璃观光电梯进入可旋转部分。虽然只是小尺度的尝试，但勘一酒店的旋转客房还是提供了一个特殊的观光地点，并毫无疑问的收费更高。这座屋顶上顶着个飞碟的酒店，预示了接下来十年中在全世界范围内将出现的几百座带有旋转餐厅的酒店。

1962年，一个房地产开发商雇佣弗吉尼亚州里士满（Richmond）的建筑师黑格·加高晨（Haigh Jamgochian）设计一座位于弗吉尼亚海滩沿海地带的，带有游艇停泊港的酒店综合体。委托人希望酒店可以引人注目，并确保高出租率。加高晨的方案含有两栋20层高的塔楼，每层都由中柱向外悬挑6间楔形房间。为了使设计更有意思，建筑师计划每座塔都是可以旋转的。和之前所构想的大部分旋转建筑不同，塔楼并不是使用滚筒、轮子或滚珠轴承转动的。取而代之的是，中柱飘在薄薄的液压油上，通过液压产生的压力转动。

加高晨将他的设计称之为"旋转树屋"（Revolving Tree House）。这只是他20世纪60年代早期设计的一系列大胆的、未来风格的塔楼方案之一，所有方案都有花朵型的平面，固定的中央核心筒和像花瓣一样伸出来的公寓单元。"旋转树屋"的模型照片被美联社报道，因此传播广泛。但是当该进入下一阶段时，他的委托人却退出了。这并不出人意料，几乎所有加高晨的项目都无疾而终。多年以后，建筑师解释为什么他突破常规的设计从来都挺不过概念阶段时

黑格·加高晨和他的旋转
树屋模型，1962 年

说："人们只爱干自己习惯的事儿，他们都想引领时尚，又都不爱当出头鸟。"[54]

44 年后，回想起他的旋转树屋设计，黑格·加高晨依然认为这是个很好的设计。他同时认为旋转设计的优点不仅仅只是吸引注意力，或者控制阳光和景观。他描述了他的双塔如何以稍许不同的速度旋转，这样房间内的访客在停留期间会见到对面不同的访客。他说："当建筑转动时，人们会相互挥手致意，就像人们向经过的火车或轮船挥手时一样。我想，人们如果多挥挥手，会相处得更融洽。"[55]

罗尔夫·迪施，向日葵住宅的设计师，将他的旋转设计用在了 20 世纪 90 年代建于瑞士阿尔卑斯山脉地区的一座酒店中。酒店高度在 6～11 层之间，每层由内设电梯厅和旋转楼梯的中柱内向外伸出 15 间楔形客房。酒店与住宅在外观上的主要差异（除了尺度），是酒店在地面层有一个玻璃墙的大堂，整座建筑外包裹着一层角支撑架构。[56]迄今为止，这个项目还没有任何结果。迪施说，在最初的设计之后，他并没执着于这个想法，并已经将注意力转移到其他新委托的项目上了。[57]

战后的设计师们也希望将旋转技术应用于高层公寓建筑中。1965 年，在加利福尼亚圣地亚哥附近的拉霍亚（La Jolla），一项包括 9 座 18～24 层的高层公寓塔楼的大项目开始进入规划阶段（这

就是艾尔·约翰斯通 35 年后开始考虑建造自己的旋转住宅时想起来的那个设计）。地产商宣布海景房价格要比其他朝东的公寓价格高出 25000 美元。最终这个项目被当地的土地使用管理委员会驳回。[58]

另外一个 20 世纪 80 年代提出但未实现的计划叫"日蚀"（"Eclipse"），是一座 900ft（274.32m）高的公寓塔楼，拟建于澳大利亚可以俯瞰悉尼湾的一块突出的用地上。[59] 设计采用了一个椭圆形的上层结构围绕着圆柱形核心筒的形式。"日蚀"每天旋转一周，保持将椭圆的短轴方向指向太阳，以减少辐射热和空调负荷。在夜间，塔楼将"停靠"在东西方向。这个由哈塞尔设计集团（Hassell Group）建筑师托尼·佩格勒姆（Tony Pegrum）设计的项目的目标是，尽量设计一座标志性建筑来适应其绝佳的地点，同时最大化地将其周围的景色引入公寓内——港口、悉尼歌剧院、港湾大桥等。

早期的尝试都未能成功，2004 年，一家巴西公司终于建成了第一座整体旋转的高层公寓建筑。这座名叫"沃拉尔套房"（Suite Vollard）的 11 层建筑位于巴西南部主要城市库里提巴（Curitiba），由布鲁诺·德·弗朗哥（Bruno De Franco）设计，"设计要素"股份有限公司（Desigh Essentials SA）施工。建筑物外形主要呈圆柱形，一侧有一个

同高度的长方体体块。每个公寓单元占据一整层。住户可以独立控制自己楼层的旋转速度和方向。圆柱体部分的外墙是全玻璃的，并沿圆周有开放式的阳台。每间公寓的起居空间——餐厅、起居室、卧室和办公室是在圆形平面内的。主起居空间位于一个环形旋转平台上，绕着内有水电和通风空调管线的固定核心筒转动。这种布局同旋转餐厅所采用的是一样的，可以使用传统的固定或连接装置。和核心筒一样，内有电梯的长方体塔也不旋转。

"沃拉尔套房"的业主将其视为实践构想的概念建筑，吸引潜在客户，并向其他房产投资商展示它是可以实现的。位于佛罗里达州华尔顿堡滩（Fort Walton Beach）的"旋转木马"（Carrousel）建筑技术管理公司的建筑师、结构专家和工程师团队为开发商客户提供服务。据公司的宣传材料上说，其基本理念的适应力是超强的：可以根据客户要求和预算加层或减层，可以增加塔楼与之相连形成更大的综合体等。这间公司正致力于建立使更多"沃拉尔套房"得以实现的法规和经济基础，但迄今为止，库里提巴这座塔楼仍然是独一无二的。

很快，沃拉尔套房就将失去其独一无二的地位了。当本书付梓之际，至少有三项旋转公寓建筑正在计划之

上： 在沃拉尔套房基础上设计的旋转双子塔计算机渲染图
左： 沃拉尔套房照片

中，他们都位于阿拉伯联合酋长国的迪拜。这个国家的统治者，谢赫·穆罕默德·本·拉希德·阿勒·马克图姆（Sheikh Mohammed Bin Rashid Al Maktoum）渴望其国家经济发展更为多元化，刺激了这个城市房地产的极大繁荣。人工半岛和群岛以及数百座新建筑都正在建设中。迪拜已经成为一个建筑试验的中心，充满了像卓美亚帆船酒店（Burj Al Arab），世界最高的独立式酒店，以及迪拜塔（Burj Dubai Tower），世界目前最高建筑等一些独一无二的设计作品。

由"高层地产"（High Rise Properties）公司开发的旋转公寓项目计划的平面是圆形的，12 层高，围绕着室外有梯形的露台。顶部缩小，内部有 4 套旋转套房和两层高的旋转别墅。在更大的尺度上，开发商"迪拜环形地产"（Dubai Property Ring）正在策划一栋 30 层高、200 个单位的公寓建筑，名字叫作"时间住宅"（Time Residences）。这座总重 88000t 的建筑由太阳能驱动，每周旋转一次。在提到这座塔时，开发商表示计划建造另外 23 座同样的旋转塔楼，每座都在不同的时区内。[60]

三个项目中最大胆的一个可能是意大利籍以色列裔建筑师大卫·费歇尔（David Fisher）设计的"动感摩天楼"（Dynamic Architecture Tower）。与库里提巴的沃拉尔套房一样，每层都可以独立旋转，不同的是前者每层一户，而费歇尔的设计中，68 层住宅里大部分楼层都包含多套公寓。[61] 与其他高层旋转建筑设计相比，"动感摩天楼"有几个与众不同的突出之处。由于平面更接近风车形而不是圆形，因此旋转时建筑物外观会有很大变化。通过控制不同楼层的同步转动，其外观可以作为整体慢慢扭转，将自身扭成千奇百怪的姿态。费歇尔期望装在楼层间窄缝中的风力涡轮发电机和屋顶的太阳能电池组可以提供超过整栋建筑自身所需的能量。建筑的大部分都将是一系列模块预先加工后运送到施工地点，由塔式起重机吊装。同一家预制工厂也将为计划在莫斯科或其他城市兴建的相同塔楼生产组件。

据大卫·费歇尔回忆，他是在购买迈阿密海滩和纽约市的公寓时有这个主意的。景观不同的公寓价格差异很大，对此他有所触动，他想道："为什么我们不能把整栋该死的建筑转起来，让所有人都有景色可看呢？"[62] "动感摩天楼"和其他计划中的迪拜旋转建筑一样，是乔治·艾德梦想的现代演绎，也是过去一个世纪所有其他旋转住宅设计师的梦想。如果这些高塔得以建成，在世界其他城市重复出现，并证明它们并不是满足超级富豪猎奇心理的顶级奢侈品，那么使用灵活、富有动感、对居民需求可以作出快速反应的设计探索将取得更大成就。

大卫·费歇尔的动感摩天楼

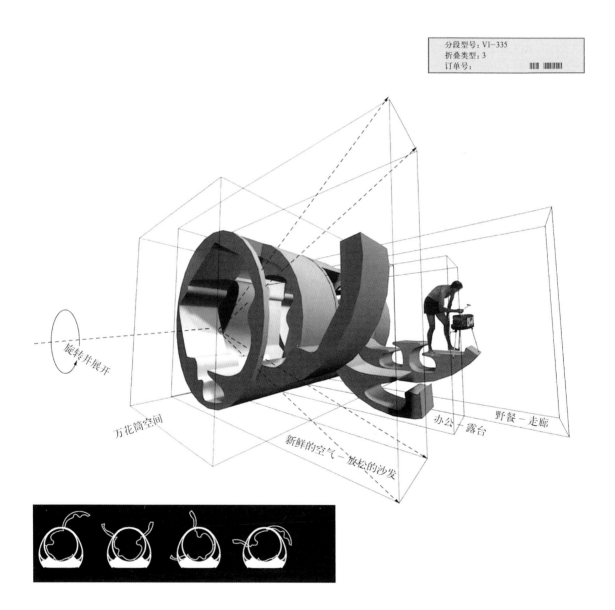

分段型号：VI-335
折叠类型：3
订单号：

旋转并展开

万花筒空间

新鲜的空气－放松的沙发

办公－露台

野餐－走廊

turnOn 居住单元的概念渲染图，展示其向外部打开的方式

结语

过去一百年间，旋转建筑及其设施有一个共性：都绕着竖向的垂直轴旋转。住宅与公寓设计师、剧院建筑师、监狱设计者等都将这种盛行的模式视作当需要旋转来满足其要求时，一种合理的解决方式。墙在转动，景观变化，上就是上，下就是下。

但是最近一些设计师开始避开这一既定方向，寻求利用旋转的新方式。2001 年，奥地利设计公司阿雷斯沃特古特（AllesWirdGut，德语"一切顺利"的意思）为一个创新住宅展设计了一个叫"turnOn"的起居空间模块。[1] 设计由不同数目的，可旋转的，轮子一样的组件，轴向对齐连接在一起。每个模压塑料模块包含不同的家具套装，与不同类型的活动或功能相关。举例来说，其中一个轮是餐桌，另外一个则是床。在 turnOn 内部生活的一天中，居住者将旋转每个组件，使不同组件的部分形成合适的组合，适应其不同时刻的不同需求。

阿雷斯沃特古特公司的 turnOn 设计是对线性的、用房间和家具对特定功能进行一次性不可变分区的住宅设计的批判。受汽车工业启发，其室内是可以大规模生产的——充满连续、性感的波状曲线。地板、顶棚和墙体的分界线被有意模糊，让人觉得内部环境更适合零重力空间。事实上，设计师也承认其灵感部分来自电影《2001：太空漫游》中的场景。虽然概念性比实用性更强，但其设计师仍坚持认为有机会将 turnOn 的一些元素融入更传统的住宅中。像内部有转盘的旋转设计一样，阿雷斯沃特古特的 turnOn 使空间利用更加高效，赋予居住者按需重新配置起居空间的能力。这就是未来的旋转设计吗？或者将被作为一个吸引人，但却有些让人不安的古怪概念而束之高阁？

一个多世纪以来，旋转住宅和其他形式旋转建筑的设计师们认为，在不远的未来，他们的想法就将大规模实现。即使表达了对这一看似必然的建筑革命所带来变化的保留意见，报纸编辑、作家和制片人们也仍是支持这个愿景的。但除 20 世纪 60 和 70 年代旋转餐厅大流行，以及近年来旋转住宅制造商有限的成功之外，旋转建筑仍然是一种边缘趋

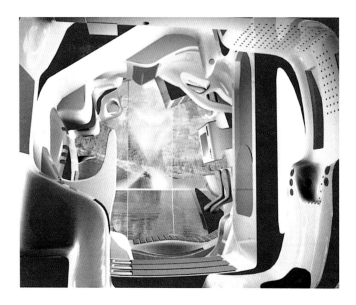

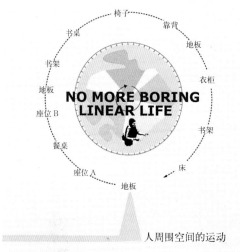

上：turnOn 的室内

下：阿雷斯沃特古特 turnOn 的基础概念

势。普及仍然遥遥无期。

虽然 20 世纪 80 年代就构想出他的设计，且第一家公司就未将其投入生产，路易吉·克拉尼仍对他的转子住宅报很大期望。他希望可以在中国崇明岛建设有 15000 栋转子住宅的，他自己的生态城。新的设计中保持原来的玻璃纤维室内设计，但结构和外表皮已经是铝材质的了。住宅可以拆分为两个主要部分在工厂预制以方便运输，在建设用地内用螺栓安装。"穹顶家园"、"灯塔住宅"等其他生产商和投资商都开始开设分支机构，准备应对不断增加的对旋转住宅有意向的顾客群。

当设计师和投资商们放眼未来，继续努力发展新的宜居、价廉、大众喜爱的旋转建筑时，针对过去人们如何解决让建筑旋转这一挑战，20 世纪的一些设计仍然能起到良好的借鉴作用。虽然它们的数量相对较少，但它们使设计思想得以实现，说明这一概念并非花哨的噱头，旋转问题，至少在技术上并非无法解决。

今天，安吉洛·因韦尔尼齐的伽罗苏别墅历经风霜但仍屹立不倒，几乎保持着原貌。最后一次转动是在 2002 年。不均匀的地基沉降导致它有些倾斜，因此中柱现在靠在塔腔一侧。2003 年，莉迪亚和利诺·因文尼兹将别墅连同基地一起捐献给了瑞士建筑科学院和门德里西奥现代档案馆（Swiss Accademia di Architettura and the Archivio del Moderno di Mendrisio）。目前他们正计划修复这座建筑，使其再度旋转起来，将其作为一个现代建筑修缮教育中心。

由比尔·布特勒在 2000 年左右费力修复的雪溪德安杰洛住宅，常常被纳入棕榈泉地区的建筑之旅行程中。布莱克利岛上的威尔森住宅也仍在，基本上完整无缺。康涅狄格州威尔顿的理查德·福斯特自宅外观自 20 世纪 60 年代建成就未有任何变化。2003 年，其室内彻底重新装修，只有核心筒内地面上六边形的地砖和旋转楼梯保留下来。

当抗生素被证实比阳光和新鲜空气更有效时，休养地内的那些旋转疗养小屋不是被拆毁就是被廉价卖掉了。一些被移到海滩，分时出租给游客。那些遍布英国的，有记载的旋转避暑别墅仍可以在其原址园林内或是报废机器拆卸场内找到其身影；新的预制型号仍可以在至少一家已经营它们一百年的公司内买到。大约 18 座 19 世纪末期建设的旋转监狱中，有两座得以幸存。无论是印第安纳州克劳福兹维尔的"老监狱"还是爱荷华州康瑟尔布拉夫斯的"松鼠笼监狱"现在都是博物馆。捷克鲁姆洛夫和坦佩雷战后的露天剧场经过岁月流转已经变样，但仍在夏季室外给人动态的剧场体验。

第一代旋转餐厅一般来说都比较不走运。其所依附的电视塔的标志性象征和其电波交流功能让其中一些成为军事打击的目标。1980 年，遭遇爱尔兰共和军炸弹袭击而遭部分损毁十年后，伦敦塔顶餐厅对公众关闭，成为私人会所。南非约翰内斯堡的希尔布洛塔顶旋转餐厅，也因担忧反政府武装袭击于开放仅十年后的 1981 年关闭。[2] 约翰·格雷厄姆的檀香山拉隆德餐厅 20 世纪 80 年代关闭。在德国，纽伦堡的电信塔旋转餐厅已经关闭了十多年。法兰克福的欧洲塔餐厅 1999 年关闭。汉堡的海因里希－赫兹塔餐厅由于石棉污染和建筑以及防火规范的更新在 2001 年关闭。亨宁格啤酒厂筒仓顶的旋转餐厅 2003 年关闭。

还有很多旋转餐厅得以幸存，但却不再旋转。有时当机械故障发生时，餐厅同时歇业，或作为其他用途重新启用，或继续作为传统的固定餐厅继续营业。尤其是顾客对旋转这个特色需求的式微，使业主不愿支付维修和持续的维护开销。例如，1964 年建成的马里兰州巴尔的摩假日酒店顶的"第一圆"（Circle One）旋转餐厅，就在 20 世纪 80 年代旋转机械故障后被改造成为会议室使用。

因为窗外景观被近年来建起的临近更高建筑遮挡，作出废弃"第一圆"餐厅旋转机械的决定要相对容易一些。对于早期的旋转餐厅来说，这是一种普遍现象。在最初建设时，它们所在的建筑可能是所在区域最高的之一，可以俯瞰

马里兰州巴尔的摩假日酒店

整个城市。然而时光荏苒，新建筑拔地而起凌驾其上，景观逼近，连绵的屋顶和远方的地平线被临近的公寓和写字楼所取代。在其他一些案例中，景观出现问题并不是因为它逐渐被填满，而是因为餐厅本身被认为不合时宜。据一位沙特阿拉伯皇室学家称，1970 年建成的利雅得水塔（Riyadh Water Tower）塔顶旋转餐厅之所以关闭，是因为其景观中涵盖了费萨尔国王（King Faisal）最亲近的姐妹的私人花园。[3]

20 世纪 90 年代，瑞士凯莱峰餐厅经历了一场重建，包括将直升机坪改为永久露台，扩大餐厅容纳更多顾客。其外观看上去仍和电影中布罗菲尔德的山顶老巢类似，但在室内，能从电影中找到的元素就只有沿着楼梯的金属装饰屏风了。今天的柏林提利卡菲餐厅之旅和 20 世纪 60 年代没有太大区别。未来派风格的入口大厅，虽然曾经色彩缤纷的室内最近被漆成了纯白色，但包括极具风格的栏杆嵌板和门都保持着原样。塔基内的圆形电梯厅一点都没变。餐厅内部，尺寸和布局仍是原来的，入口处的玻璃马赛克壁画亦是如此。

旋转餐厅在美国的流行度确实在逐年下降，近期最后一座建成的旋转餐厅是 1996 年拉斯韦加斯的"平流层"（Stratosphere Tower）餐厅。虽然在西方，旋转餐厅的全盛时期已然过去，但仍不乏狂热的爱好者。1994 年，克拉伦斯·里德（Clarence Reed），一位乔治亚州亚特兰大市的计算机销售开始一场广为宣传的个人环美旋转餐厅之旅。十年后，他已经在所有 49 座当时还营业的餐厅内进过餐。[4] 有一种对这一概念持久影响力的非正规测量方式，是在类似 Flickr 这类的网络图片分享网站上的出现频率，在 Flickr 上输入旋转餐厅，全世界范围内有 7000 多个搜索结果。大多数内容是夫妇、朋友、家人或同事聚会晚餐、小酌、观景的个人照片。这些在线图片是旋转餐厅仍是大众喜闻乐见的观光目的地，同时也是约会、婚宴、产品发布会和商务会谈的常常举行之地。在东亚和中东地区新的旋转餐厅设计建造仍如火如荼，它仍然是进步和荣耀的强有力象征。

随着时间的流逝，美国和欧洲旋转餐厅的繁荣已经是明日黄花，第一代的旋转餐厅已经开始引起政府遗产保护机构的注意。西雅图的太空针塔于 1999 年被列入城市历史性地标名录。4 年后，英国历史建筑保护机构将伦敦邮政局大厦评为 II 类保护建筑，指出其"非常重要"，并将其列入基金维护范围。时任英国艺术部长的布莱克斯通女爵（Baroness Blackstone）指出，这座塔"是 60 年代科学与设计的杰出代表，我们理应引以为豪。"[5]

通过最初十年的试验，旋转建筑设计师们克服了大量的技术挑战。他们用自己的方式设计出将设备接入建筑所需的各种复杂连接系统。通过使用复杂的接头、地沟和贮水箱，设计师将传统功能一一安排进旋转住宅中。外部旋转住宅设计上以尽量利用室内空间的楔形房间为特色。这些特色可能足够引起其他发明家或建筑师，以及潜在的房屋购买者将这一想法付诸实践的兴趣。

如今，旋转建筑技术上的难题可以说基本上已经克服了，艾尔·约翰斯通和珍妮·约翰斯通的旋转轴承，使住宅和其他建筑可以在满足所有传统家庭使用要求的同时持续旋转。虽然旋转住宅的初次投资普遍比传统建筑要高，但设计师宣称这些花费可以通过提高能源利用率得以补偿。随着对绿色设计、智能住宅以及独特的高层住宅兴趣的增长，看起来（像 20 世纪初或战后时代刚开始时一样）旋转住宅的时代即将到来。

尽管已经取得长足的进步，旋转建筑设计师们仍发现对概念的兴趣，仍要远高于情愿为此买单的顾客数量。几个明确的问题仍然阻碍着旋转建筑的更广泛普及。首先，地方规划和区域法规以及官员们对应对旋转设计中新的变化因素的准备不足。其次，由于几乎没有可比较的同类产品，并难以保障其转售价值，旋转住宅的生产公司很难保障融资。然而仍然存在的最大问题，是公众对于旋转建筑基本理念持续存在的部分矛盾心理。住户无法控制自己暴走的旋转住宅的传说大量存在于大众文化中，由于旋转的能力，住宅看起来仿佛获得了某种程度的认知能力和自我意识。纵观历史，这是新科技出现时的惯常反应。在过去，人们普遍不会去重新考虑他们对一个家内涵的假定。然而，当今旋转建筑设计师们面临的问题是，这些预设是否像坐落于固定地基上的传统建筑一样不可更改？

注释

序

1 George Ade, "Life on the Ocean Wave," *Washington Post*, March 25, 1906, SM3.

2 A similar turntable altar was constructed in 1953 at the Chapel of the Four Chaplains at Temple University in Philadelphia. More recent versions were built at the National Institutes of Health in Bethesda, Maryland, and at U.S. military bases such as the one at Guantanamo, Cuba.

3 Quoted in Patricia Brooks, "Rotating View and Versatile Menu," *New York Times*, August 3, 1986, CN21.

4 Don DeLillo, *Cosmopolis: A Novel* (New York: Scribner, 2003), 5.

5 William Zuk and Roger H. Clark, *Kinetic Architecture* (New York: Van Nostrand Reinhold, 1970).

6 Wolfgang Schivelbusch, *The Railway Journey: The Industrialization and Perception of Time and Space* (Berkeley: University of California Press), 1987.

7 Alan Trachtenberg, foreword to *The Railway Journey*, by Wolfgang Schivelbusch, xv.

第一章

1 C. Suetonius Tranquillus, *The Lives of the Twelve Caesars*, ed. Alexander Thomson, 360 (London: George Bell and Sons, 1893). For a review of the history of painted skies on domes and ceilings see Chapter x, "Ceilings Like the Sky," in William Richard Lethaby, *Architecture, Mysticism, and Myth* (1891; repr., New York: Cosimo, 2005).

2 David Hemsoll, "Reconstructing the Octagonal Dining Room of Nero's Golden House," *Architectural History* 32 (1989): 10.

3 Axel Boethius, *The Golden House of Nero: Some Aspects of Roman Architecture* (Ann Arbor: University of Michigan Press, 1960), 117. Larry F. Ball suggests this is most likely, that the revolving room, if it existed, was probably located in a more prominent area of the Domus Aurea site such as the Palatine. Larry F. Ball, email to the author, May 20, 2007.

4 Quoted in Rosemarie Haag Bletter, "The Interpretation of the Glass Dream—Expressionist Architecture and the History of the Crystal Metaphor," *Journal of the Society of Architectural Historians* 40, no. 1 (1981): 20–43.

5 T. K. Derry and Trevor Illtyd Williams, *A Short History of Technology from the Earliest Times to AD 1900* (Oxford: Clarendon Press, 1960), 75.

6 Richard Leslie Hills, *Power from Wind: A History of Windmill Technology* (New York: Cambridge University Press, 1994), 42.

7 Ladislao Reti, "Leonardo and Ramelli," *Technology and Culture* 13, no. 4 (1972): 578. Leonardo's epicyclic gear is in folio 112r, Codex Madrid I. Ramelli's bookcase is featured in his book *Le diverse et Artificiose Machine del Capitano Agostina Ramelli* (Paris: A Parigi, 1588).

8 Antonio Averlino Filarete and John Richard Spencer, *Treatise on Architecture* (New Haven: Yale University Press, 1965), book xxi, folios 171v and 172r.

9 Arnold A. Putnam, "The Introduction of the Revolving Turret," *American Neptune* 56, no. 2 (1986): 117.

10 "The Revolving Tower and Its Inventor," *Harper's New Monthly Magazine*, January 1863, 241.

11 James L. Nelson, *Reign of Iron: The Story of the First Battling Ironclads, the Monitor and the Merrimack* (New York: Harper Paperbacks, 2005), 267. The author of the cited quote was Lieutenant James H. Rochelle.

12 Putnam, "The Introduction of the Revolving Turret," 119.

13 Rudy Rolf, "Revolving Concrete Turrets" *Fort* (Liverpool: Fortress Study Group, 1988), 119–29.

14 Scott Cooper, "Ornamental Structures in Medieval Gardens," *Proceedings of the Society of Antiquarians of Scotland* 129 (1999): 817–39.

15 Anne Hagopian Van Buren, "The Park of Hesdin," in *Ornamental Structures in the Medieval Gardens of Scotland*, ed. Scott Cooper, 124

(Edinburgh: Royal Museum of Scotland, 1999). The park also featured animated carved wood statues including a group of monkeys covered in fur and attached to a bridge. As guests arrived the marionette monkeys were made to nod and wave using pullied hoists, levers, and hydraulic systems.

16 Derek Hudson, *Kensington Palace* (London: Peter Davies, 1968), 42.

17 Isaac Disraeli and Benjamin Disraeli, *Curiosities of Literature* (New York: Veazie Hurd and Houghton, 1864), 385.

18 Augustus Jessopp, "The Elders of Arcady," *Living Age* 226 (1900): 127.

19 Ibid.

20 Paul Kuritz, *The Making of Theatre History* (Englewood Cliffs, NJ: Prentice Hall, 1988), 114.

21 A. C. Scott, *The Kabuki Theatre of Japan* (Mineola, NY: Dover, 1999), 282.

22 "General Mention," *New York Times*, December 4, 1884, 4.

23 "We, Us & Company At Mud Springs," Grand Opera House Programme, Grand Opera House, Cincinnati, OH, September 20, 1885.

24 "We, Us & Co.," *Atlanta Constitution*, November 29, 1886, 7.

25 "The Lounger," *The Critic: A Weekly Review of Literature and the Arts* 12 (1889): 19. Barnard and Mestayer and his company had a hit with *We, Us & Co.* Positive reviews indicate it played throughout the eastern half of the United States between 1884 and at least 1886. According to a playbill from a performance at the Grand Opera House in Cincinnati, Ohio, the revolving house was patented on January 29, 1884, but no record of such a patent can be found—suggesting that the reference was part of the gag. That the building was turned by windlass and mule is mentioned in a description

of a later revolving house. See "A Revolving House," *New York Times*, July 8, 1908, 6.

26 Wendell Cole, "America's First Revolving Stage," *Western Speech*, Winter 1963, 36.

27 Letter from John Charles Haugh, February 7, 1985, Montgomery County Cultural Foundation files.

28 Earl Bruce White, *The Rotary Jail Revisited*, undated manuscript, 2.

29 Pauly Catalog, quoted in White, *The Rotary Jail Revisited*, 7.

30 Walter A. Lunden, "The Rotary Jail, Or Human Squirrel Cage," *Journal of the Society of Architectural Historians* 18, no. 4 (1959): 155. McGaughey cites an unpublished article by A. H. White, a former employee of Pauly Jail Company.

31 Tamara Hemmerlein, Executive Director, Montgomery County Cultural Foundation and Old Jail Museum, in discussion with the author, July 2006.

32 Alfred Hopkins, *Prisons and Prison Building* (New York: Architectural Book Publishing Co., 1930), 218.

33 Robin Evans, *The Fabrication of Virtue: English Prison Architecture, 1750–1840* (New York: Cambridge University Press, 1982), 218.

34 See Michel Foucault, *Discipline and Punish: The Birth of the Prison*, translated by Alan Sheridan (New York: Pantheon, 1977).

35 Lunden, "The Rotary Jail," 156.

36 Stephan Oettermann, *The Panorama, History of a Mass Medium* (New York: Zone Books, 1997), 325.

37 Oettermann, *The Panorama, History of a Mass Medium*, 31.

38 Alec McEwen, "Revolving Observation Towers," *Yarmouth Archaeology* (1995), 33.

39 A. Boomer, "Whirligig Ruin Wrought By a Revolving House,"

Boston Daily Globe, February 9, 1890, 24.

40 Dudley Blanchard, "Tornado Proof Building," U.S. Patent 439,376, filed July 30, 1890, and issued on October 28, 1890. Blanchard mentions in the patent that his design, "is especially adapted for use as a hospital or as a hospital adjunct…so as to present the sick-room to the sunshine during the whole of a long summer day, or to turn it so as to be in the shade all day, or to present the rooms to receive the wind directly through in any desired manner." Blanchard's design was subsequently published in French newspapers and reference to those articles was made in several US publications.

41 J. Ross Browne, *Yusef: Or, the Journey of the Frangi: a Crusade in the East* (New York: Arno Press, 1977), 28. Another traveler from the same period noted that in Spain such "revolving baby-holders" were specifically designed to only accommodate infants in order to prevent abandonment of four- and five-year-olds. See Charles Rockwell, *Sketches of Foreign Travel, and Life At Sea* (New York: Dennet D. Appleton, 1842), 239.

42 Silvio A. Bedini, *Jefferson and Science* (Chapel Hill: University of North Carolina Press, 2002), 72. Jefferson developed numerous other contrivances that enabled him to be served while remaining separated from those serving him, including vertical dumbwaiters and an earth closet that could be emptied in the basement. See Dell Upton, *Architecture in the United States* (New York: Oxford University Press, 1998), 30.

43 Elizabeth E. Howell. Self Waiting Table. US Patent 464,073, filed September 14, 1891, and issued December 1, 1891. Christine Frederick

referred to the device as "the silent waitress" in her book *The New Housekeeping: Efficiency Studies in Home Management* (New York: Doubleday, Page, 1914), 80.

44 Robida, *The Twentieth Century* (1883; repr. , Middletown, CT: Wesleyan University Press, 2004) 62.

第二章

1 Buster Keaton's 1922 film *The Electric House* lampooned this trend of household gadgetry with its operable bookshelves, automatic lazy Susans, and a bathtub that slides between the bathroom and bedroom on a concealed track all controlled by wall-mounted switches and dials. *The Electric House*, DVD (1922; Synergy Entertainment, 2007).

2 Le Corbusier, *Towards a New Architecture* (New York: Praeger, 1970), 89, 23.

3 Charles DeKay, "Primitive Homes," *American Architect & Building News* 94 (1908): 119.

4 Leslie G. Goat, "Housing the Horseless Carriage: America's Early Private Garages" in *Perspectives in Vernacular Architecture*, III, eds. Thomas Carter and Bernard L. Herman, 64 (Columbia: University of Missouri Press, 1989). Early cars either lacked a reverse gear entirely or were difficult to maneuver in reverse. They also had wider turning radii than the horse-drawn carriages they replaced. Existing driveways and porte cocheres were often ill-equipped to accommodate automobiles.

5 Norman Bel Geddes, *Horizons* (Boston: Little, Brown, 1932), 105.

6 Glenn Porter and Raymond Loewy, *Raymond Loewy: Designs for a Consumer Culture* (Wilmington, DE: Hagley Museum and Library, 2002), 38.

7 Bel Geddes, *Horizons*, 107.

8 Thomas Parke Hughes, a leading scholar of the social construction of technology, notes that professional inventors are also motivated by the pure pleasure of problem solving. "The challenge of sweet problems that have foiled numerous others often stimulates the independents' problem choices. They believe their special gifts will bring success where others have failed. Not strongly motivated by a defined need, they exhibit an elementary joy in problem solving as an end in itself." Thomas Parke Hughes, "The Evolution of Large Technological Systems," in *The Social Construction of Technological Systems: New Directions in the Sociology and History of Technology*, ed. Wiebe E. Bijker, Thomas P. Hughes, Trevor J. Pinch, 61 (Cambridge, MA: MIT Press, 1987).

9 A. Boomer, "Whirligig Ruin Wrought By a Revolving House," *Boston Daily Globe*, February 9, 1890, 24.

10 Huntly Carter, *The Theatre of Max Reinhardt* (New York: Mitchel Kennerley, 1914), 150.

11 Amy S. Green, *The Revisionist Stage: American Directors Reinvent the Classics* (New York: Cambridge University Press, 1994), 19.

12 Quoted in Wendell Cole, "America's First Revolving Stage," *Western Speech*, Winter 1963, 37.

13 Arnold Aronson, "Theaters of the Future," *Theatre Journal* 33, no. 4 (December 1981), 495.

14 "A House that Turns with the Sun," *Scientific American* 89, no. 19 (1903): 330. Though drawings show a bathtub and toilet in one of the upper-floor bedrooms, descriptions of the house provide little information about the means used to make plumbing and other connections, saying only, "a central apparatus, above which

the house turns, allows the introduction of water, of gas, of electricity, as well as the exit of water, etc."

15 "Houses Now on Rotary Platforms," *New York Times*, September 25, 1904, 33.

16 Jean Saidman, Rotary Structure for Treating Patients with Solar and other Actinic Lights. Patent GB353,266 (FR680179), filed August 1, 1930, and issued on July 23, 1931.

17 Thierry Lefebvre and Cécile Raynal, "Le Solarium Tournant d'Aix-les-Bains," *La Revue du Praticien* 56 (December 15, 2006): 2200.

18 Margaret Campbell, "What Tuberculosis Did for Modernism: The Influence of a Curative Environment on Modernist Design and Architecture," *Medical History*, 49 no. 4 (October 1, 2005): 470.

19 Cosmo Hamilton, *Confession: A Novel* (Garden City, NY: Doubleday, 1926).

20 Campbell, "What Tuberculosis Did for Modernism," 470.

21 Thomas Carrington, *Fresh Air and How to Use It* (New York: National Association for the Study and Prevention of Tuberculosis, 1914), 160.

22 "Push Button, Get Sun," *Washington Post*, June 5, 1911, 2.

23 Ibid.

24 Ibid.

25 Such attributes would be of primary importance when revolving mechanisms were introduced into future designs for permanent homes and restaurants.

26 "Push Button, Get Sun," 2.

27 National Trust, "Shaw's Corner," http://www.nationaltrust.org.uk/main/w-vh/w-visits/w-findaplace/w-shawcorner/w-shawscorner-garden/w-shawscorner-garden-hut.htm (accessed June 19, 2007).

28 Bruno Taut, "The Rotating House,"

Stadtbaukunst-Frühlicht 2 (1920): 31.

29 Rosemarie Haag Bletter, "The Interpretation of the Glass Dream— Expressionist Architecture and the History of the Crystal Metaphor," *Journal of the Society of Architectural Historians* XL, no. 1 (1981): 20–43.

30 John Milner, *Vladimir Tatlin and the Russian Avant-Garde* (New Haven: Yale University Press, 1983), 164.

31 "Life, Letters, and the Arts," *Living Age* 321, no. 4171 (1924): 1161.

32 Buster Keaton, *Cops* and *One Week*, VHS, (1920; Video Images, 1987).

33 Historian Cecilia Tichi has argued that the machine age emphasis on controlling efficiency was so pervasive that it gave birth to the concise poetry of Ezra Pound and William Carlos Williams and the tight prose of Ernest Hemingway. See Cecelia Tichi, *Shifting Gears: Technology, Literature, and Culture in Modernist America* (Chapel Hill: University of North Carolina Press, 1987).

34 Murphy Bed Company, "The History of the Murphy Bed," http://www.murphybedcompany.com/home.php?section=history (accessed March 1, 2007).

35 Earl H. Tate. Combination Furniture Structure. US Patent 1,122,170, filed June 8, 1912, issued on December 22, 1914.

36 Ibid.

37 Pasquale L. Cimini. Revolving Platform for Apartment Furniture. US Patent 1,278,108, filed December 12, 1916, issued on September 10, 1918.

38 "Germans Construct a Revolving House," *Los Angeles Times*, June 29, 1924, D9.

39 "Fact and Comment," *Youth's Companion* 98, no. 38 (1924): 616.

40 "A Revolving House for Jeweler Reiman: To be Built on a Turntable and Operated by Pressing Electric Buttons," *New York Times*, July 7, 1908, 3.

41 "Odd House that Follows the Sun," *New York Times*, May 22, 1927, XX8.

42 Thomas Parke Hughes, *Human-Built World: How to Think About Technology and Culture* (Chicago: University of Chicago Press, 2004), 29.

43 Angelo Invernizzi, quoted in Valeria Farinati, "The Sunflower Followed the Sun," in *Villa Girasole: The Story* (Mendrisio, Switzerland: Mendrisio Academy Press, 2006), 36.

44 Lidia Invernizzi, in discussion with the author, September 2006.

45 David J. Lewis, Marc Tsurumaki, and Paul Lewis, "Invernizzi's Exquisite Corpse. The Villa Girasole: An Architecture of Surrationalism," in *Surrealism and Architecture*, ed. Thomas Mical, 160 (New York: Routledge, 2004).

46 Lidia Invernizzi, in discussion with the author, September, 2006.

47 Lucia Bisi, "The Rotary Home: Villa 'Il Girasole' At Marcellise, Verona, 1935," *Lotus International* 40 (1984): 112–28.

48 Lewis et al., "Invernizzi's Exquisite Corpse," 164.

49 Lidia Invernizzi, in discussion with the author, September 2006. According to Lidia Invernizzi, her parents were not sun-worshippers like Dr. Philip Lovell, the Los Angeles naturopath that commissioned Richard Neutra and R. M. Schindler to design modernist houses that accommodated his healthy lifestyle and penchant for nude sunbathing.

50 Thomas F. Gaynor. Rotary Building. US Patent 895,176, filed on November 8, 1904, and issued August 4, 1908.

51 Michael Immerso, *Coney Island: The People's Playground* (New Brunswick, NJ: Rutgers University Press, 2002), 82.

52 Ibid.

53 The saga of the Globe Tower was reported throughout 1906 and 1907 in the *New York Times*. See "To Build 700-Foot Tower at Coney Island with Roof Garden Theatre at a Great Height," *New York Times*, January 21, 1906, 12. "Coney Island Reserves Out: Police Get Into Quarrel Between Tilyou and New Tower Company," *New York Times*, March 1, 1907. "Steel for the Big Tower," *New York Times*, April 9, 1907, 14. "Henry Clay Wade Arrested," *New York Times*, April 26, 1907, 1.

54 Laura Ingalls Wilder, Almanzo Wilder, and Roger Lea MacBride, *West From Home: Letters of Laura Ingalls Wilder, San Francisco, 1915* (New York: Harper Collins, 1995), 36.

55 "Aeroscope Attraction at Panama Exposition Like Enormous Inverted Pendulum," *Washington Post*, April 4, 1915, MS4 (originally published in *Popular Mechanics*).

56 Harlan Miller, "Over the Coffee," *Washington Post*, July 16, 1940, X2.

57 "Night Club Notes," *New York Times*, July 6, 1935, 16.

58 Bel Geddes, *Horizons*, 194.

59 Ibid.

60 Ibid.

第三章

1 D. Bruce Johnston, "The Use of Turntables in Buildings," *Architectural Record*, September 1965, 236.

2 "'Rotating' Garages Provide Maximum Parking Space on a Small City Plot," *Architectural Record*, October 1955, 247.

3 "The Met's Turntable," *Theater Design and Technology*, February 1971, 16. It was designed by theater architect Olaf Sööt and fabricated by Macton Corporation.

4 Norman Bel Geddes, "Flexible

Theatre," *Theatre Arts*, July 1948, 129.

5 Deblert Unruh and Dennis Christilles, "The Revolving Auditorium Theatre of Český Krumlov," *Theatre Design and Technology*, Winter 1997, 35.

6 Arnold Aronson, "Theaters of the Future," *Theatre Journal* 33, no. 4 (December 1981), 498.

7 Olaf Sööt, "Movable Structures for Stages," *Progressive Architecture*, September 1964, 197.

8 Anton A. Huurdeman, *The Worldwide History of Telecommunications* (New York: J. Wiley, 2003), 393.

9 Erwin Heinle and Fritz Leonhardt, *Towers: A Historical Survey* (London and Boston: Butterworth Architecture, 1989), 244.

10 Philip Hammon, correspondence with the author, June 12, 2007.

11 Harold Gulacsik and George Mansfield, *Space Needle USA* (Seattle: Craftsman Press, 1962), 9.

12 "Restaurant Perches Atop Building," *New York Times*, November 26, 1961, R1.

13 Charles H. Turner, "Hawaii Predicts Booming Summer," *New York Times*, May 29, 1960, X15. Construction of the Ala Moana Center came in the midst of a building boom in Hawaii, a response to the growing tourism market made possible by increasingly affordable and speedy air travel. In 1960 the new state had almost 250,000 visitors, a figure that was expected to double within five years. Between 1955 and 1965, the volume of construction work in Hawaii surpassed the amount undertaken in the entire previous century. See Lawrence E. Davies, "Hawaii Spurring a Building Boom," *New York Times*, June 20, 1965, R1.

14 Gulacsik and Mansfield, *Space Needle USA*, 16.

15 "Diners Reach a Turning Point," *Los Angeles Times*, December 3, 1961, 19.

16 John Portman, correspondence with the author, July 3, 2007.

17 Henry H. Lesesne, *A History of the University of South Carolina, 1940–2000* (Columbia: University of South Carolina Press, 2001), 186. The revolving restaurant was completed in 1967 using a turntable mechanism that was purportedly built for the 1964–65 New York World's Fair.

18 Such buildings were distinct from broadcast towers that were often built on high ground or on mountains (like the Seoul Tower in South Korea or the Telstra Tower in Canberra, Australia).

19 Mountaintop restaurants were on Zermatt, Davos, Lucerne, Brienz, St. Moritz, Pontresina, Grindelwald, and Les Diablerets. See "A New Swiss Peak in Alpine Dining," *New York Times*, January 11, 1970, 434.

20 *On Her Majesty's Secret Service*, VHS. Directed by Peter Hunt (1969; Farmington Hills, MI: CBS Fox Video, 1984).

21 Geoff Nicholson, "Done to a Turn At 360 Degrees," *New York Times*, July 13, 2003, TR21. These visits entranced Nicholson, who eventually became an aficionado of the revolving restaurant.

22 This arrangement also befitted restaurants whose location was overlooking a single, overwhelmingly important site. An example is the Merry-Go-Round restaurant in the Pushp Villa in Agra, India, adjacent to the Taj Mahal.

23 Jules Arbose, "London Landmark," *New York Times*, May 22, 1966, 485.

24 John Updike, *Roger's Version* (New York: Knopf, 1986), 312.

25 Robert Venturi, Denise Scott Brown, and Steven Izenour, *Learning from Las Vegas* (Cambridge, MA: MIT Press, 1972), 53. Quoted in Mark Gottdiener, *The Theming of America: American Dreams, Media Fantasies, and Themed Environments* (Boulder: Westview, 2001), 107.

26 *The Post Office Tower London* (Ipswich: W. S. Cowell, 1967), 29.

27 In the tenth century the Muslim theologian Abu Mansur wrote of a legendary city of dome-topped towers created at the behest of King Solomon. "Solomon sees rising from the bottom of the sea a pavilion, tent, tabernacle, or tower, vaulted like a dome, which is made of crystal and is beaten by the waves.…The aerial city is erected by the genii at the order of Solomon, who bids them build a city or palace of crystal a hundred thousand fathoms in extent and a thousand storys high, of solid foundations but with a dome airy and lighter than water; the whole to be transparent so that the light of the sun and the moon may penetrate its walls." Quoted in Rosemarie Haag Bletter, "The Interpretation of the Glass Dream—Expressionist Architecture and the History of the Crystal Metaphor," *Journal of the Society of Architectural Historians* XL, no. 1 (1981): 23.

28 One example from the 1930s was a scheme proposed in the magazine *American Weekly* that envisioned a six-mile-high tower with five steel conical platforms that would include "hospitals to give the poor the benefits of mountain climate," and "the world's greatest astronomical observatory in an oxygen tank at the tower's tip." See Lee Conrey, "Science Plans a New Tower of Babel Six Miles High," *American Weekly*, February 24, 1935.

29 Patricia Brooks, "Rotating View and Versatile Menu," *New York Times*, August 3, 1986, CN21.

30 Updike, *Roger's Version*, 328. The views were no better from the revolving restaurant atop the water tower in Aachen, Germany. One visitor recalled it overlooking "large hills made from coal mining tailings, and a large teaching hospital that looks much like an oil refinery," http://web.cecs.pdx.edu/maier/france-report/report27.txt (accessed June 11, 2007). Scenes from an episode of the animated television series *The Simpsons* (1991) were set in a revolving restaurant that overlooked a prison riot and an individual contemplating suicide on a rooftop. "Principal Charming," Episode 27, *The Simpsons: The Complete Second Season*, DVD, (Beverly Hills, CA: Twentieth Century Fox Home Entertainment, 2002).

31 Quoted in James C. Cobb, *The Selling of the South: The Southern Crusade for Industrial Development 1936–1990*, 2nd ed. (Urbana: University of Illinois Press, 1993), 94.

32 See Michael T. Kaufman, "High Price of Prestige in Africa," *New York Times*, January 3, 1977, 2.

33 The Berlin Fernsehturm was not East Germany's first concrete TV Tower. The German Democratic Republic's first reinforced concrete television tower was completed in 1964. The head contained two cafes and an observation platform but no revolving restaurant.

34 When sunlight hits the raised patterns on these panels, it reflects the shape of a large cross on the side of the sphere, not the most desired symbol for the communist government.

35 Patrick Stacey, correspondence with the author, February 7, 2007.

36 Alexander Frater, "Travel: Off the Map: North Korea," *Observer*, January 1, 1996, 6. Another example of a recent prestige project with revolving restaurants was the Saddam Tower in Baghdad. It was built in 1995 after the first Gulf War. In 2003 the

United States bombed the adjacent communications center, but avoided the tower so that it would not topple onto surrounding residential areas. See Marc Kusnetz et al, *Operation Iraqi Freedom* (Kansas City, MO: Andrews McMeel, 2003), 116.

37 Like its American counterpart, Macton Incorporated, Weizhong also manufacturers turntables for other uses. Vehicular turntables set in the floor of garages, driveways, and narrow urban lots are used to reverse direction and help automobiles and trucks navigate tight spaces. Since 2000 Weizhong has also produced display turntables used to provide a 360 degree view of new products such as cars and machinery at trade shows, expositions, and showrooms. Bing Xu, in discussion with the author, March 2007.

38 Ada Louise Huxtable, "Two Triumphant New Hotels for New York," *New York Times*, October 19, 1980, D33.

39 In the book *Food Tourism Around the World*, Tony Stevens asks, "Who wants to eat in a spinning restaurant? Why would you even think that would be popular, given the fact that moving while eating will at best give you indigestion and at worst probably make you very ill. Is it a gimmick to overcharge customers to consume some fairly average food? Or is it possible to justify the environmental impact of some of these restaurants— for example, the one which sits right beside Niagara Falls?" See Colin Michael Hall, *Food Tourism Around the World* (Burlington, MA: Elsevier, 2003), 9.

40 This comment, often mentioned in reference to particular towers with revolving restaurants, is derivative of an anecdote by the French writer Guy de Moupassant referring to the newly

constructed Eiffel Tower. Moupassant regularly dined in the tower's restaurant to enjoy the city's only scenic vista that did not include the Eiffel Tower. Mentioned in Roland Barthes, *The Eiffel Tower, and Other Mythologies* (Berkeley: University of California Press, 1997), 3.

41 "City for Sale," *Nation*, October 2006. As one concerned citizen of Lahore, Pakistan, said, "We are offering swimming pools to those who do not have clean water to drink, glittering hotels with 500-ft high towers and revolving restaurants, while we spend long hours in the dark and over 50% of our people live in slum areas. Nobody is against development, but we seem to have our priorities all wrong."

42 Ronald B. Lieber, "Revolving Restaurants," *Fortune*, April 14, 1997, 32.

43 *Second City Television Network: Volume 4*, DVD (1982; Los Angeles: Shout Factory Theatre, 2005). The episode was nominated for an Emmy Award for outstanding writing.

第四章

1 Arch Ward, "In the Wake of the News," *Chicago Daily Tribune*, November 23, 1944, 37.

2 Donald Hough, *The Camelephamoose* (New York: Duell, Sloan and Pearce, 1946), 26.

3 Ibid., 53.

4 *The Yellow Cab Man*, VHS, directed by Jack Donohue (1950; Burbank, CA: Warner Home Video, 1993).

5 Mike Weinstock, "Terrain Vague: Interactive Space and the Housescape," *Architectural Design* 75, no. 1 (2005): 48.

6 "For the Home: Tables that Revolve Serve Many Purposes," *New York Times*, September 15, 1951, 7.

7 *Ideal Home Exhibition 1968 at*

Olympia, London (1968; London: British Pathe Films). The show and revolving kitchen were visited by Queen Elizabeth 11.

8 "The Playboy Town House—Posh Plans for Exciting Urban Living," *Playboy*, May 1962, 105.

9 Bill Osgerby, "The Bachelor Pad as Cultural Icon: Masculinity, Consumption and Interior Design in American Men's Magazines, 1930–65," *Journal of Design History* 18, no. 1, 108.

10 Lulu Fortune, e-mail message to author, November 13, 2006.

11 Alfred A. Granek. Rotatable Sections for Buildings. US Patent 2,823,425, filed December 16, 1954, and issued February 18, 1958.

12 Annette Müller (architect, Hanse Haus GmbH), in discussion with the author, September 2006.

13 Luigi Colani, in discussion with the author, September 2006.

14 Precedent for this anthropo-morphization of architecture and urban design—the likening of architecture to the human form—can be traced from the writings of Roman architect Vitruvius to the designs of Renaissance artists and architects, like Francesco di Georgio's plan for a citadel shaped like a body.

15 Hanse Haus literature notes that the 20-by-20-foot layout in the interior would normally result in about 400 square feet of living space. However, in the Rotor Haus, the 194-square-foot living room actually functions as a 194-square-foot bathroom, 194-square-foot bedroom, and 194-square-foot kitchen. Add the 23 square feet of each turntable section and the 75 square foot toilet and closet space, and, according to the promotional material, the Rotor Haus essentially provides 680 square feet of total living space. Hanse Haus press release, undated.

16 Luigi Colani, in discussion with the author.

17 Clare Chapman, "In a Spin Over Rooms That Revolve," *Sunday Times*, October 17, 2004, Home Section, 4.

18 See Harold Krejei et al., *Friedrich Kiesler: Endless House 1947–1961* (Ostfildern-Ruit, Germany: Hatje Cantz, 2003).

19 Müller, in discussion with the author.

20 Colani, in discussion with the author.

21 Chad Randl, *A-Frame* (New York: Princeton Architectural Press, 2004), 41. See Chapter 2 for a discussion of postwar vacation-home construction.

22 William Butler, in discussion with the author, April 2007.

23 "This House on a Desert Revolves with the Sun," *Chicago Daily Tribune*, June 17, 1962, sw17.

24 Floyd D'Angelo (owner, Aluminum Skylight and Specialty), in discussion with the author, October, 28, 2005.

25 William Butler, "D'Angelo House," photocopy.

26 Roberto Lasagni, *Dizionario Biografico dei Parmigiani*, L'Istituzione Biblioteche del Comune di Parma website, http://biblioteche2.comune.parma.it/lasagni/gat-gio.htm (accessed October 8, 2007).

27 Bruno Ghirelli. Heliotropically Rotating Building Structure. US Patent 3,408,777, filed November 26, 1965, and issued November 5, 1968.

28 Harold Bartram, in discussion with the author, March 2005.

29 Phil Bridge (current owner of the Wilson house), in discussion with the author, May 2007.

30 Bob Thompson, ed., "It Turns Like a Giant Lazy Susan," in *Cabins and Vacation Houses* (Menlo Park, CA: Lane Magazine and Book Company, 1967), 47.

31 "This House Goes Around and Around and Around," *Mechanix Illustrated*, May 1964, 74.

32 The current owner of the Ford House has noted that the neighbors insisted that at least part of the yurt-like structure rotated at some time in the past, though drawings and the construction of the house prove otherwise. Sidney Robinson, in discussion with the author, December 2005.

33 Orson S. Fowler, *A Home for All; or, The Gravel Wall and Octagon Mode of Building* (New York: Fowler and Wells, 1856). Octagonal houses may permit less light to enter the interior as each room usually had only a single window and floor plans relegated closet spaces to the exterior walls.

34 Virginia McAlester and A. Lee McAlester, *A Field Guide to American Houses* (New York: Knopf, 1984), 235.

35 H. Ward Jandl et al., *Yesterday's Houses of Tomorrow: Innovative American Homes, 1850 to 1950* (Washington, DC: Preservation Press, 1991), 83, 84–91.

36 In fact, this rationalization and concentration of mechanicals and circulation in the center of the house was anticipated by Catharine Beecher and Harriet Beecher Stowe's 1869 treatise on efficiency and domestic science, *The American Woman's Home*. The book featured a design for a "Christian House" with rooms along the perimeter and a block in the center of the house incorporating a turning stairway, stove, shelves, a closet, and system for routing fresh air to individual Franklin stoves. Catharine Esther Beecher and Harriet Beecher Stowe, *The American Woman's Home: Or, Principles of Domestic Science; Being a Guide to the Formation and Maintenance of Economical, Healthful,*

Beautiful, and Christian Homes
(New York: Arno Press, 1971), 26.
37 Wernher von Braun, "Crossing the
Last Frontier," *Collier's*, 1952, 74.
The design was intended to serve
as an orbiting military base used for
surveillance and the delivery of
nuclear bombs.
38 De Witt Douglas Kilgore,
*Astrofuturism: Science, Race, and
Visions of Utopia in Space*
(Philadelphia: University of
Pennsylvania Press, 2003). Kilgore
defines astrofuturism as "an aesthetic,
scientific, and political movement that
sought the amelioration of racial
difference and social antagonisms
through the conquest of space," 157.
39 Oscar Dufau, Mark Zaslove,
Charles A. Nichols. *The Jetsons—The
Complete First Season*. DVD (Atlanta:
Turner Home Entertainment, 2004).
Some see the Jetsonian fantasy of
escaping to a life in the sky as a
metaphor for the era's "white flight"
depopulation of American cities. See
Lynn Spigel and Michael Curtin, *The
Revolution Wasn't Televised: Sixties
Television and Social Conflict* (New
York: Routledge, 1997), 47.
40 "Architect's Revolutionary Idea:
Living in a House That Rotates," *New
York Times*, September 3, 1968, 38.
41 Vivian Brown, "Round and Round
It Goes, But How is the Problem,"
Chicago Tribune, November 18,
1967, SA6.
42 Richard Foster, "The Circambulant
House—25 Years Later," unpublished
photocopy, ca. 1993.
43 Rolf Disch, in discussion with the
author, September 2006.
44 Down the road from Disch's
Heliotrop in Freiburg stand two other
projects by the architect that solidified
his reputation as a European leader in
green design, the Solarsiedlung (Solar
Settlement) and the Solarschiff (Solar

Ship). The Solarsiedlung is a fifty-unit
residential community that features
unostentatious modernist designs
but with triple glazed windows, a
system to recover heat from exhaust
air, and enormous solar panels on the
roofs. The Solarschiff is an adjacent
four-story commercial building that
includes offices, shops, and penthouse
residences. Like Heliotrop, photovol-
taic panels and other energy-efficient
features make all of the residences
positive energy structures. These
designs were models of environmental
sustainability; in addition to their solar
attributes, all of Disch's buildings
relied upon local materials, suppliers,
and manufacturers.
45 Al Johnstone, in discussion with the
author, March 2007.
46 Ibid.
47 David E. Graham, "A Merry-
Go-Round Home," *San Diego
Union-Tribune*, March 6, 2001, B1.
48 As with the rotating houses seen in
satirical articles, books, and movies
in the past, the "smart house" of the
1990s has also been a source of interest
and ambivalence in popular culture.
See the 1999 Disney Channel film
Smart House, in which a high-tech
home malfunctions and has to be
overpowered by its residents.
49 Johnstone, in discussion with
the author.
50 Ibid.
51 Shiva Vencat (American distributor,
DomeSpace), in discussion with the
author, December 16, 2005.
52 Chris Wilson, "Join the Revolu-
tion," *Daily Telegraph*, October 9,
2004, Property Section, 1.
53 "Super Service! Hotel Changes the
Scenery," American Newsreel, 1956. In
collection of British Pathe, www.
britishpathe.com
54 Haigh Jamgochian, in discussion
with the author, April 2007.

55 Ibid.
56 "Rotating Apartments,"
Washington Post, June 17, 1965,
C8, 1965, 8.
57 Rolf Disch, "Heliotrop," undated
booklet, 30.
58 Rolf Disch, in discussion with the
author, September 2006.
59 Angela Tam, "A New Twist on an
Old Idea," *Asian Architect and
Contractor*, March 1992, 8.
60 Robert Ditcham, "Rotating Tower
to be Solar-powered," Gulfnews.com,
http://archive.gulfnews.com/
articles/06/11/30/10086170.html,
November 30, 2006 (accessed October
14, 2007).
61 Alex Frangos, "Dubai Puts a New
Spin on Skyscrapers; Planned 68-Story
Rotating Tower Part of Massive
Construction Spree" *Wall Street
Journal*, April 11, 2007, B1.
62 David Fisher, in conversation with
the author, October 12, 2007.

结语

1 "A House That Rolls With the
Changes," *Architectural Record*,
April 2004, 75.
2 Lucille Davie, "Hillbrow Tower—
Symbol of Joburg" International
Marketing Council of South Africa
website, http://www.southafrica.info/
plan_trip/holiday/cities/
hillbrowtower.htm (accessed
January 4, 2008).
3 Sandra Mackey, *The Saudis: Inside
the Desert Kingdom* (New York:
W. W. Norton, 2002), 193.
4 Clarence Reed, in discussion with
the author, May 2007.
5 "Honour for Post Office Tower,"
http://news.bbc.co.uk/2/hi/uk_news/
england/2886617.stm (accessed
May 4, 2007).

图片版权

105 Lake County (IL) Discovery Museum/Curt Teich Postcard Archives

107 University of Washington Libraries, Special Collections, UW16685

108 University of Washington Libraries, Special Collections, UW14798

109 University of Washington Libraries, Special Collections, UW18955z

110-11 The Space Needle is a registered trademark of Space Needle LLC and is used with permission.

113-14 Architect Lintl, Vienna

115 LEFT Vladimir Kosolapov; **RIGHT** Olympiapark München GmbH and Heinz Gebhardt

117 top left Section Courtesy of John Portman & Associates; **TOP RIGHT** Hyatt Regency Atlanta; **BOTTOM** Photo by Michael Portman

118 TOP LEFT Simon Scott; **BOTTOM** @tmosphere Modern Dining, Sabah, Malaysian Borneo

119 Thorlakur Ludviksson—Hringbrot

121 Courtesy Laurence Loewy, Loewy Design

122-23 Schilthorn Cableway Ltd.

124 Courtesy Allen Huang

126 ITN Source/Stills

129-30 Courtesy TV-Turm GmbH in the Berlin Television Tower

131 BOTTOM RIGHT Linus Gelber

132 TOP LEFT AND BOTTOM LEFT Courtesy TV-Turm GmbH in the Berlin Television Tower

133 Martin Tutsch

134 Bing Xu, Weizhong Revolving Machinery Co., Ltd.

135 Courtesy Romana Feichtinger

136 Jason He

138 © The New Yorker Collection 1962 Alan Dunn from cartoonbank.com. All Rights Reserved.

第四章

140 Solaleya (exclusive U.S. distributor of Domespace Homes)

143 Bureau of Human Nutrition and Home Economics, U.S. Department of Agriculture, Motion Picture Service

144 ITN Source/Stills

145 Phillip Simon

148-52 Hanse Haus, www.hanse-house.com

160 TOP LEFT Courtesy Sunset Publishing Corporation; **RIGHT AND BOTTOM** ITN Source/Stills

163 Courtesy The Estate of R. Buckminster Fuller

165 Copyright © Bonestell Space Art, used with permission

167 Courtesy Bill Cotter, worldsfairphotos.com

172-74 Courtesy Rolf Disch

177 Courtesy Al and Janet Johnstone

179 Courtesy Al and Janet Johnstone

180-81 Solaleya (exclusive U.S. distributor of Domespace Homes)

182 Courtesy Don Dunick, Lighthouse Developments Limited, Australia New Zealand Canada

183 Courtesy Luke Everingham

184 ITN Source/Stills

185 Haigh Jamgochian Papers, 1930–2006. Accession 41492. Personal Papers Collection, The Library of Virginia, Richmond, Virginia.

187 Courtesy of Carrousel Buildings Technology, LLC & Designs Essentials, SA

189 Courtesy David Fisher, Dynamic Architecture

结语

190-92 AllesWirdGut Architektur ZT GmbH

194 C. Hansen